SHIPINJIANYANZHUANYE

国家中等职业教育改革发展示范校建设项目成果教材

食品检验专业

食品快速检测

SHIPIN KUAISU JIANCE

张磊 崔凯 主编

中国劳动社会保障出版社

简介

本书为国家中等职业教育改革发展示范校建设项目成果教材，可供中等职业技术学校食品检验专业使用，主要内容包括食品品质快速检测、食品添加剂快速检测、非法添加物快速检测、重金属快速检测、农药兽药残留快速检测以及微生物快速检测等。

图书在版编目(CIP)数据

食品快速检测/张磊，崔凯主编. —北京：中国劳动社会保障出版社，2013

国家中等职业教育改革发展示范校建设项目成果教材. 食品检验专业

ISBN 978-7-5167-0463-9

Ⅰ.①食…　Ⅱ.①张… ②崔…　Ⅲ.①食品检验-中等专业学校-教材　Ⅳ.①TS207.3

中国版本图书馆 CIP 数据核字(2013)第 152021 号

中国劳动社会保障出版社出版发行

（北京市惠新东街 1 号　邮政编码：100029）

出 版 人：张梦欣

*

北京市艺辉印刷有限公司印刷装订　新华书店经销

787 毫米×1092 毫米　16 开本　8.75 印张　166 千字

2013 年 7 月第 1 版　2024 年 12 月第 4 次印刷

定价：22.00 元

营销中心电话：400-606-6496

出版社网址：http://www.class.com.cn

http://jg.class.com.cn

序

作为国家第一批中等职业教育改革发展示范学校，北京一轻高级技术学校开发设计了一批对接产业结构调整升级要求，反映新知识、新工艺、新材料、新技能，符合技术技能型人才成长规律的发展改革示范教材。

职业教育承担着帮助学生构建起专业理论知识体系、专业技术框架体系和相应职业活动逻辑体系的任务，而这三个体系的构建需要通过专业教材体系和专业教材内部结构得以实现。为此，在开发设计时，依据教材在构建知识、技术、活动三个体系中的作用，不同课程的教材采用了不同的内部结构设计和编写体例。

承担专业理论知识体系构建任务的教材，例如《食品检验技术基础》强调了专业理论知识体系的完整性与系统性，不强调专业理论知识的深度和难度，注重培养学生对专业理论知识整体框架的把握和应用能力。

承担专业技术框架体系构建任务的教材，例如《电工电子技术应用》强调学生对专业技术整体框架的把握，培养学生对新技术的学习能力，注重让学生在技术应用过程中提高实际操作的能力，同时培养学生职业活动过程中的技术比较与选择能力。

承担职业活动逻辑体系构建任务的教材，依据不同职业活动对从业人员应有特质的要求，分别采用了过程驱动、情景驱动的方式，形成了"做中学"的结构与体例。例如《常用机床及起重机电气维修》等技术类专业教材，采用过程驱动的教材结构，反映了技术职业活动的过程导向特点。这对于培养从事制造业等技术技能型人才过程导向的思维方式、行为的标准规范、准确的技术语言，特别是对尊重工艺规范和追求标准与精度价值的敏感特质的形成，将是十分有效的。《物流客户服务》等服务类专业教材，采用情景驱动的教材结构，反映了服务职业活动的情景导向特点。这对于培养从事现代服务业技能型人才的个性化服务理念、规范而又不失灵活的行为方式、富有情感的语言和交往沟通能力，将起到积极的促进作用。

在教学目标的确定以及教材内容、结构、素材的设计和选择上，教材还充分利用课程标准与国家职业资格标准、课程内容与典型职业活动、教学过程与职业活动逻辑、教材素材与职业活动案例的对接，力图实现工学结合。因此，这批教材不但符合我国经济发展方式转变、产业结构调整升级的新形势，而且十分适合"做中学、学中做"的教学方法，有利于学生职业素质和职业能力的形成。

2013 年 6 月

前言

为落实教育部、人力资源和社会保障部、财政部《关于实施国家中等职业教育改革发展示范学校建设计划的意见》文件精神，对接本地产业结构升级调整要求，大力推进职业院校课程体系改革，增强技能人才培养的针对性与适应性，我们组织多年从事食品检验专业教学的骨干教师和企业专家，在充分调研企业岗位要求和学校教学需求的基础上，开发编写了这套食品检验专业改革教材，包括《食品检验技术基础》《食品感官检验》《食品微生物检验》《食品营养素检测》《食品快速检测》和《食品安全检测》。

本套教材开发工作的重点有以下几个方面：

第一，根据食品检验岗位真实的工作任务设置学习情境。首先以典型性、实践性、职业性、先进性为原则选取工作任务，在此基础上，对其进行转化、补充，并结合相关理论知识，使之成为学习任务，同时融入职业素质内容，使学生在掌握理论知识、专业技能的同时，逐步形成和提高个人职业素养。

第二，根据学生的认知规律和职业能力形成规律组织教材内容，创新编写模式。以食品检验岗位需要的能力为主线，由简单到复杂，由单项到综合安排学习任务。学生通过完成不同的任务，掌握食品分析与检测全过程的工作技能，实现职业能力的提高。

第三，根据食品检验岗位的实际需要和《国家职业标准·食品检验工（中级）》对知识和技能的要求，同时依据现行食品安全国家标准设计学习任务的实施过程，使学生在完成食品分析与检测任务的过程中掌握相关知识和分析方法，并提高对国标方法的解读能力和执行能力。

第四，根据学生的学习特点确定教材的呈现形式。注重利用图表、现场照片和实物照片辅助讲解知识点和技能点，突出教材的直观性，激发学生的学习兴趣。

本套教材的编写得到了北京市人力资源和社会保障局职业技能开发研究室、北京市食品安全监控中心、北京市食品及酿酒产品质量监督检验一站、北京市燕京啤酒股份有限公司、北京义利面包食品有限责任公司、北京龙徽酿酒有限责任公司、北京红星股份有限公司和北京家乐福超市双井店等单位的大力支持，在此表示诚挚的谢意！

由于时间和编者水平有限，书中不妥之处在所难免，恳请读者批评指正。

食品检验专业编委会

2013 年 7 月

目录 CONTENTS

项目一

食品品质快速检测

任务 1　白醋中总酸的快速检测

【学习目标】

1. 了解白醋总酸的检测意义和检测原理。
2. 能在教师指导下，以小组协作方式应用快速检测法对白醋总酸进行检测。

【任务引入】

某超市有限公司检出超市中某食品公司生产的一批次白醋总酸不达标。这批次白醋不合格的原因可能是生产过程中使用的原料品质低、偷工减料或者是酿造工艺控制不当造成的。

为了避免一些不法生产厂家偷工减料，销售厂家和监管部门要定期对白醋总酸进行检测，但由于常规理化检测所耗时间较长，对于超市、农贸市场等货品流通性较大的公司适用性较差，所以食品品质快速检测技术的应用就显得十分必要。本任务将完成白醋中总酸的快速检测工作。

【任务分析】

评价白醋是否符合国家卫生标准，常用的理化指标是总酸，总酸含量是白醋产品的一种特征性指标，能够影响醋的酸度，其含量越高，白醋酸味越浓。总酸含量不够，说明是假冒伪劣产品。

【相关知识】

一、检测原理

白醋中酸性成分能够与碱性试剂发生中和反应，并以酚酞指示反应终点。

二、检测下限

3.5 g/100 mL。

【任务实施】

一、检测准备工作

1. 检测样品

市售白醋，如图 1—1—1 所示。

2. 试剂和材料

酚酞指示剂（红盖）、装有 0.1 mol/L 氢氧化钠标准溶液的滴瓶（绿盖）、提取瓶、1 mL 吸管、5 mL 离心管，如图 1—1—2 所示。

图 1—1—1　白醋

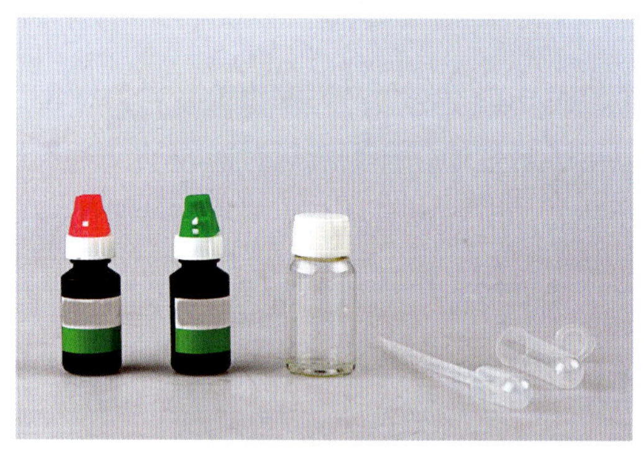

图 1—1—2　试剂和材料

3. 相关资料

检测报告单、原始记录本、国家标准《酿造食醋》（GB 18187—2000）。

二、样品分析

配　　图	实验步骤	操作说明
	（1）移取 9 mL 蒸馏水于提取瓶中，加入样品 1 mL，混匀为待测液	
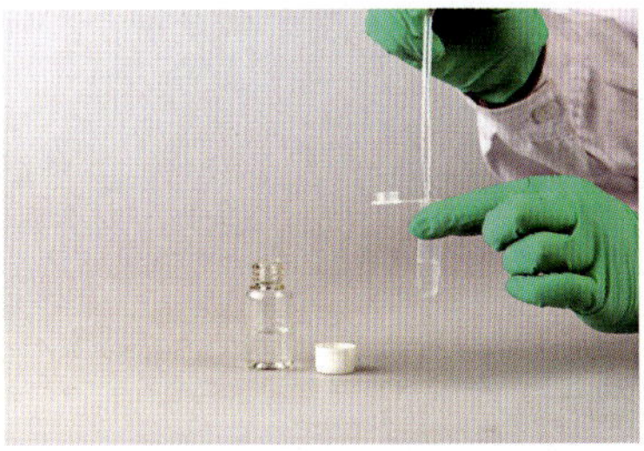	（2）取 2 mL 待测液到 5 mL 离心管中	
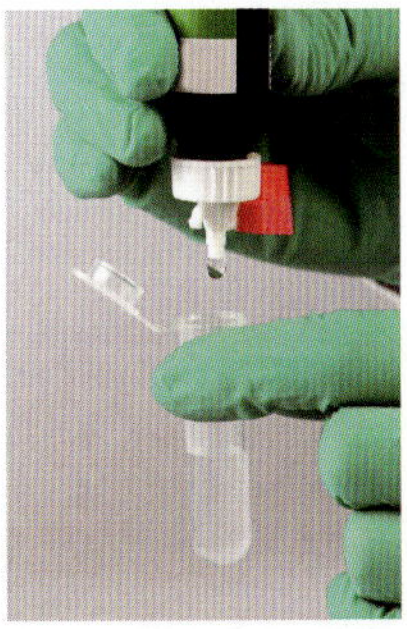	（3）加入两滴酚酞指示剂，摇匀	滴加时一定要将滴管直立，切勿倾斜
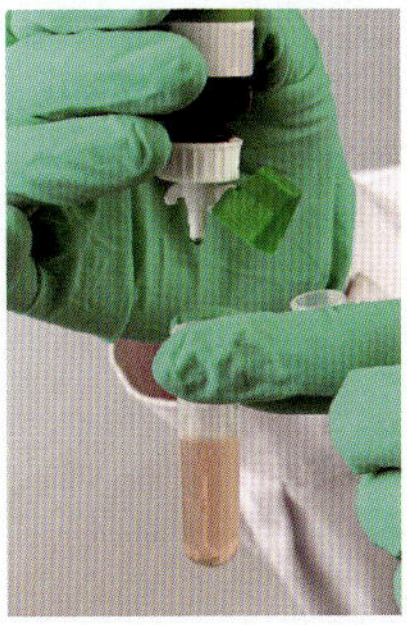	（4）用氢氧化钠标准溶液逐滴滴加，直到溶液呈红色，30 s 不褪色，并记录滴定的滴数 V，同时做空白对照试验，以便观察	1）滴加时一定要将滴管直立，切勿倾斜 2）每加一滴都要摇动几下，以使反应完全，避免出现实验误差

续表

配　　图	实验步骤	操作说明
（5）结果计算。总酸含量的计算公式如下： 总酸 (g/100 mL)=$V \times 0.35$ 式中　V——滴定待测液的滴数 0.35——每滴测定液相当于 0.35 g/100 mL 总酸		
（6）结果判断。该方法的检测下限为 0.35 g/100 mL，即国家标准规定下限，凡未检出的样品均视为不合格，能够检出的视为合格		

【考核评价】

素质	内容 学习目标	评价项目	评价 自我评价 30%	评价 小组评价 30%	评价 教师评价 40%
知识 20 分	应知应会	1. 了解白醋总酸的检测意义和检测原理 2. 掌握白醋总酸的快速检测方法			
专业能力 50 分	实验准备 10 分	1. 快速检测仪器和设备准备充分 2. 组内分工明确			
	样品采集 10 分	1. 样品采集具有代表性、典型性、时效性和程序性 2. 正确选择并使用采样工具和容器 3. 正确选择采样技术			
	快速检测 10 分	1. 白醋总酸的快速检测准确 2. 各检测操作步骤正确			
	检测报告 10 分	1. 检测报告计量和计数单位正确 2. 检测结果的表述和评价正确 3. 处理意见正确 4. 检测报告填写规范			
	遵守安全、卫生要求 10 分	1. 正确执行安全技术操作规程 2. 实验过程保持现场整洁			
通用能力 20 分	语言能力 5 分	1. 准确阐述自己的观点 2. 专业术语表达准确			
	合作能力 5 分	1. 能与同学配合共同完成工作 2. 具有组织和协调能力			

续表

素质	内容 学习目标	评价项目	评价		
			自我评价30%	小组评价30%	教师评价40%
通用能力20分	发现、分析和解决问题能力5分	1. 善于发现实验过程中的问题 2. 自主分析和解决实验中的问题			
	创新能力5分	1. 善于总结工作经验 2. 善于体验新的检测方法			
态度10分	工作态度	工作认真、细致			
合计					

【思考与练习】

1. 简述总酸的检测意义和检测原理。
2. 简述总酸的检测方法和流程。
3. 利用快速检测法测定某品牌白醋中总酸的含量。

任务2 食用植物油中过氧化值的快速检测

【学习目标】

1. 了解食用植物油中过氧化值的检测意义和检测原理。

2. 能在教师指导下，以小组协作方式应用快速检测法对食用植物油中过氧化值进行检测。

【任务引入】

陕西省质量技术监督局2011年第四季度食品质量监督抽查结果显示，食用植物油样品批次合格率为96.2%，有3批次样品不合格，不合格项目为过氧化值和苯并芘。其中，某油脂有限公司生产的21.74 L/桶富集一级大豆油因过氧化值超标被判定为不合格产品。

过氧化值是表示油脂和脂肪酸等被氧化的一种指标，主要用来衡量油脂的酸败程度，过氧化值越高，油脂酸败越厉害。过氧化值超标，油的味道不好，甚至会产生异味，对人体不利。因此，要尽量避免食用过氧化值超标的食用植物油。本任务将完成食用植物油中过氧化值的快速检测工作。

【任务分析】

食用植物油过氧化值是其品质的重要指标之一，其中不饱和脂肪酸的含量随着植物油的长期储存和光照、接触空气、高温等环境的影响，游离脂肪酸的含量增多，不饱和脂肪酸的含量减少，也就是不饱和脂肪酸被氧化，从而使过氧化值增大，影响植物油的食用品质。食用植物油过氧化值超出卫生标准，说明其已经开始变质。

【相关知识】

本实验采用北京六角体科技发展有限公司生产的快速检测试剂。

一、检测原理

利用食用植物油氧化所产生的过氧化物与试剂发生显色反应，在一定浓度范围内，颜色深浅与浓度成正比。

二、检测下限

0.25 g/100 g。

【任务实施】

一、检测准备工作

1. 检测样品

市售食用植物油，如图1—2—1所示。

2. 试剂和材料

检测试剂 A、检测试剂 B、1 mL 吸管、5 mL 离心管，如图 1—2—2 所示。

图 1—2—1　食用植物油

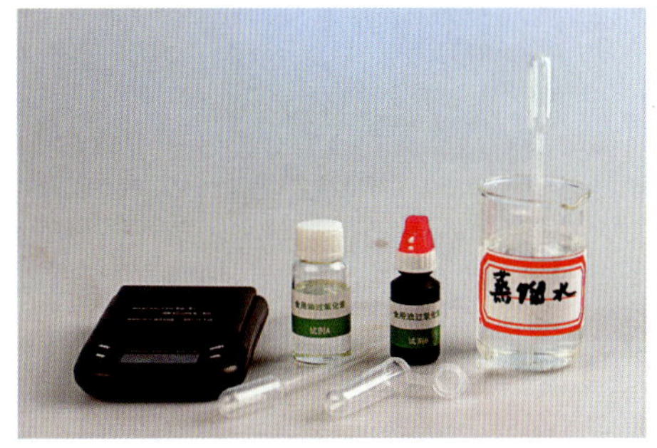

图 1—2—2　试剂和材料

3. 相关资料

检测报告单、原始记录本、国家标准《食用植物油卫生标准》（GB 2716—2005）。

二、样品分析

配图	实验步骤	操作说明
	（1）取 0.1 g 样品于 5 mL 离心管中	
	（2）加 8 滴检测液 A 于离心管中，摇匀	

续表

配图	实验步骤	操作说明
	（3）再加 2 滴检测液 B 于离心管中，摇匀，置暗处反应 3 min	严格掌握反应时间，以便得到正确的测试结果
	（4）加入 1 mL 蒸馏水，混匀，观察样液颜色	生活饮用水不能作为测定用稀释液，建议用纯净水或蒸馏水
（5）结果判断。若样液呈黄绿色，则样品过氧化值低于 0.25 g/100 g（见下图 a）；若样液呈橙色，则样品过氧化值等于或高于 0.25 g/100 g（见下图 b） 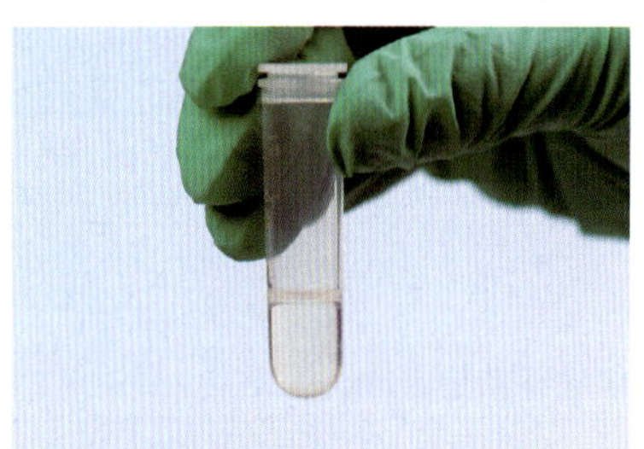 a）样品过氧化值低于0.25 g/100 g 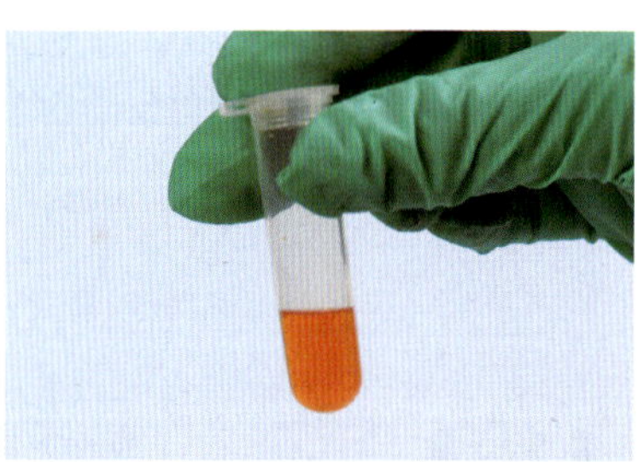 b）样品过氧化值等于或高于0.25 g/100 g		

【考核评价】

素质	内容 学习目标	评价项目	评价 自我评价30%	 小组评价30%	 教师评价40%
知识 20 分	应知应会	1. 了解植物油中过氧化值的检测意义和检测原理 2. 掌握植物油中过氧化值的快速检测方法			

续表

<table>
<tr><th rowspan="2">素质</th><th>内容</th><th rowspan="2">评价项目</th><th colspan="3">评 价</th></tr>
<tr><th>学习目标</th><th>自我评价 30%</th><th>小组评价 30%</th><th>教师评价 40%</th></tr>
<tr><td rowspan="5">专业能力 50 分</td><td>实验准备 10 分</td><td>1. 快速检测仪器和设备准备充分
2. 组内分工明确</td><td></td><td></td><td></td></tr>
<tr><td>样品采集 10 分</td><td>1. 样品采集具有代表性、典型性、时效性和程序性
2. 正确选择并使用采样工具和容器
3. 正确选择采样技术</td><td></td><td></td><td></td></tr>
<tr><td>快速检测 10 分</td><td>1. 植物油中过氧化值的快速检测准确
2. 各检测操作步骤正确</td><td></td><td></td><td></td></tr>
<tr><td>检测报告 10 分</td><td>1. 检测报告计量和计数单位正确
2. 检测结果的表述和评价正确
3. 处理意见正确
4. 检测报告填写规范</td><td></td><td></td><td></td></tr>
<tr><td>遵守安全、卫生要求 10 分</td><td>1. 正确执行安全技术操作规程
2. 实验过程保持现场整洁</td><td></td><td></td><td></td></tr>
<tr><td rowspan="4">通用能力 20 分</td><td>语言能力 5 分</td><td>1. 准确阐述自己的观点
2. 专业术语表达准确</td><td></td><td></td><td></td></tr>
<tr><td>合作能力 5 分</td><td>1. 能与同学配合共同完成工作
2. 具有组织和协调能力</td><td></td><td></td><td></td></tr>
<tr><td>发现、分析和解决问题能力 5 分</td><td>1. 善于发现实验过程中的问题
2. 自主分析和解决实验中的问题</td><td></td><td></td><td></td></tr>
<tr><td>创新能力 5 分</td><td>1. 善于总结工作经验
2. 善于体验新的检测方法</td><td></td><td></td><td></td></tr>
<tr><td>态度 10 分</td><td>工作态度</td><td>工作认真、细致</td><td></td><td></td><td></td></tr>
<tr><td colspan="3">合计</td><td></td><td></td><td></td></tr>
</table>

【思考与练习】

1. 简述过氧化值的检测意义和检测原理。
2. 简述过氧化值的检测方法和流程。
3. 利用快速检测法测定某品牌植物油中的过氧化值。

任务3　蜂蜜中淀粉的快速检测

【学习目标】

1. 了解蜂蜜中淀粉的检测意义和检测原理。
2. 能在教师指导下，以小组协作方式应用快速检测法对蜂蜜中淀粉进行检测。

【任务引入】

长春市工商行政管理局通报2010年第一季度部分食品抽样检测结果，发现某蜂业有限公司生产的枣花蜂蜜中果糖和葡萄糖含量偏低，产品不合格。究其原因可能是，蜂蜜未经蜜蜂充分酿造，或掺入淀粉糖浆或砂糖。

蜂蜜是一种营养丰富的天然滋养食品，也是最常用的滋补品之一。为了避免一些不法生产厂家向蜂蜜中添加淀粉，销售商和监管部门要定期对其进行检测，但由于常规理化检测所耗时间较长，快速检测技术的应用就显得十分必要。本任务将完成蜂蜜中淀粉的快速检测工作。

【任务分析】

淀粉与碘反应可变为蓝色，利用相关快速检测试剂可以完成蜂蜜中淀粉的快速检测。

【相关知识】

本实验采用北京六角体科技发展有限公司生产的快速检测试剂。

检测原理：蜂蜜中淀粉与组合碘试剂在加热条件下反应变为蓝色，通过目视法判断蜂蜜中是否掺有淀粉。

【任务实施】

一、检测准备工作

1. 检测样品

市售蜂蜜，如图 1—3—1 所示。

2. 试剂和材料

组合碘试剂、1 mL 吸管、5 mL 离心管，如图 1—3—2 所示。

图 1—3—1　蜂蜜

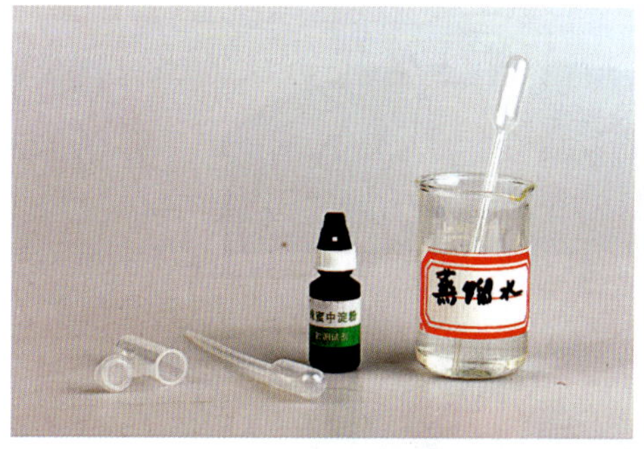

图 1—3—2　试剂和材料

3. 相关资料

检测报告单、原始记录本。

二、样品分析

配图	实验步骤	操作说明
	（1）取蜂蜜两滴于 5 mL 离心管中	

续表

配图	实验步骤	操作说明
	（2）加入 1 mL 蒸馏水于离心管中，稀释蜂蜜	
	（3）在沸水浴中煮沸 5 min	打开盖子，以免温度过高，气体将盖子顶开
	（4）加入 5 滴碘试剂于离心管中，观察样液颜色	

（5）结果判断。正常蜂蜜不变色（见下图 a），呈深蓝色为掺淀粉的蜂蜜（见下图 b）

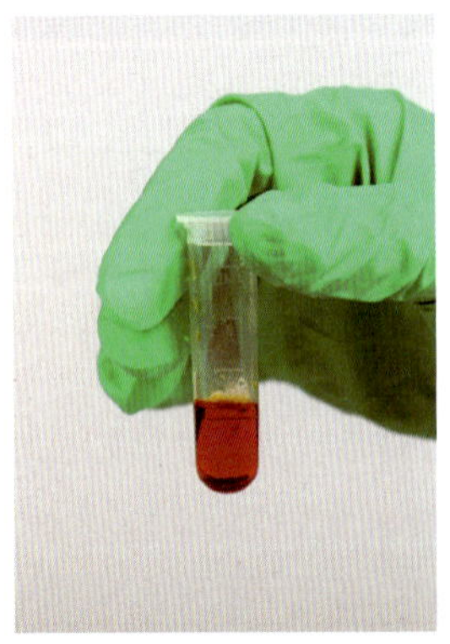
a）正常蜂蜜不变色

b）掺淀粉的蜂蜜呈深蓝色

【考核评价】

素质	内容 学习目标	评价项目	评价		
			自我评价30%	小组评价30%	教师评价40%
知识 20分	应知应会	1. 了解蜂蜜中淀粉的检测意义和检测原理 2. 掌握蜂蜜中淀粉的快速检测方法			
专业能力 50分	实验准备 10分	1. 快速检测仪器和设备准备充分 2. 组内分工明确			
	样品采集 10分	1. 样品采集具有代表性、典型性、时效性和程序性 2. 正确选择并使用采样工具和容器 3. 正确选择采样技术			
	快速检测 10分	1. 蜂蜜中淀粉的快速检测准确 2. 各检测操作步骤正确			
	检测报告 10分	1. 检测报告计量和计数单位正确 2. 检测结果的表述和评价正确 3. 处理意见正确 4. 检测报告填写规范			
	遵守安全、卫生要求 10分	1. 正确执行安全技术操作规程 2. 实验过程保持现场整洁			
通用能力 20分	语言能力 5分	1. 准确阐述自己的观点 2. 专业术语表达准确			
	合作能力 5分	1. 能与同学配合共同完成工作 2. 具有组织和协调能力			
	发现、分析和解决问题能力 5分	1. 善于发现实验过程中的问题 2. 自主分析和解决实验中的问题			
	创新能力 5分	1. 善于总结工作经验 2. 善于体验新的检测方法			
态度 10分	工作态度	工作认真、细致			
合计					

【思考与练习】

1. 简述蜂蜜中淀粉检测的意义和检测原理。
2. 简述蜂蜜中淀粉的检测方法和流程。
3. 利用快速检测法检测某品牌蜂蜜中的淀粉。

任务 4　猪油中丙二醛的快速检测

【学习目标】

1. 了解猪油中丙二醛的检测意义和检测原理。
2. 能在教师指导下，以小组协作方式应用快速检测法对猪油中的丙二醛进行检测。

【任务引入】

2009 年 3 月，重庆市质量技术监督局在对粮油产品的质量进行抽查时，发现某油脂公司生产的食用猪油中的丙二醛含量为 2.26 mg/100 g，超过国家标准规定的 9 倍。造成丙二醛含量严重超标的原因是该企业未按照规范的工艺流程生产，导致油脂受热时间过长。

丙二醛不仅可以与人体内的蛋白质和核酸发生反应，致使蛋白质和核酸丧失功能，还可使纤维素分子间的桥键松弛，或抑制蛋白质的合成。因此，丙二醛的积累会对膜和细胞造成一定的伤害。本任务将完成猪油中丙二醛的快速检测工作。

【任务分析】

猪油经过高温处理或长时间放置后会产生过氧化物，其中包括丙二醛，食用丙二醛会对人体产生危害。利用相关快速检测试剂可以完成对猪油中丙二醛的快速检测。

【相关知识】

本实验采用北京六角体科技发展有限公司生产的快速检测试剂。

检测原理是：检测试剂和油脂中的丙二醛在一定条件下反应生成有色化合物。该方法只适用于定性检测。

【任务实施】

一、检测准备工作

1. 检测样品

市售猪油。

2. 试剂和材料

内二醛检测试剂、一次性吸管、冻存管，如图 1—4—1 所示。

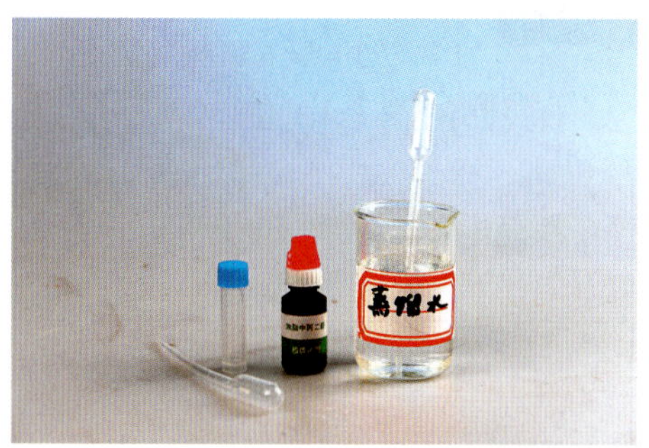

图 1—4—1　试剂和材料

3. 相关资料

检测报告单、原始记录本、国家标准 GB/T 8937—2006《食用猪油》。

二、样品分析

配图	实验步骤	操作说明
	（1）取 0.5 mL 猪油，放入冻存管中作为待测液	若样品为固体，则称取 2.0 g 样品，隔水加热至融化，从中取 0.5 mL 放入冻存管中作为待测液

续表

配图	实验步骤	操作说明
	（2）向待测液中加入蒸馏水 1.5 mL	
	（3）加 6 滴检测试剂于冻存管中，摇匀	
	（4）置沸水浴 15 min，取出冷却至室温	

（5）结果判断。观察样液颜色，若显红色（见下图），则样品中含有丙二醛

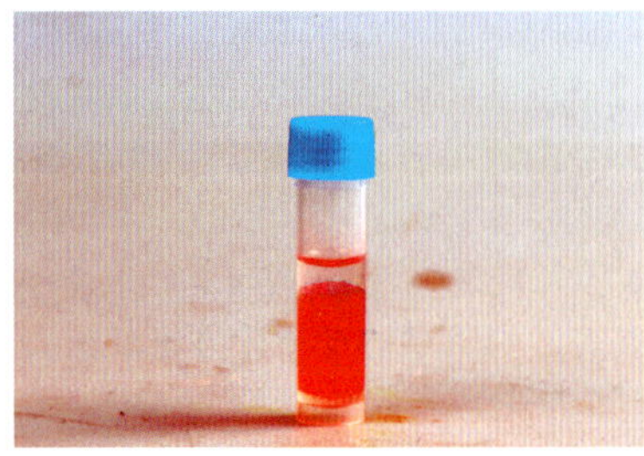

【考核评价】

素质	内容 学习目标	评价项目	评价		
			自我评价30%	小组评价30%	教师评价40%
知识 20分	应知应会	1. 了解猪油中丙二醛的检测意义和检测原理 2. 掌握猪油中丙二醛的快速检测方法			
专业能力 50分	实验准备 10分	1. 快速检测仪器和设备准备充分 2. 组内分工明确			
	样品采集 10分	1. 样品采集具有代表性、典型性、时效性和程序性 2. 正确选择并使用采样工具和容器 3. 正确选择采样技术			
	快速检测 10分	1. 猪油中丙二醛的快速检测准确 2. 各检测操作步骤正确			
	检测报告 10分	1. 检测报告计量和计数单位正确 2. 检测结果的表述和评价正确 3. 处理意见正确 4. 检测报告填写规范			
	遵守安全、卫生要求 10分	1. 正确执行安全技术操作规程 2. 实验过程保持现场整洁			
通用能力 20分	语言能力 5分	1. 准确阐述自己的观点 2. 专业术语表达准确			
	合作能力 5分	1. 能与同学配合共同完成工作 2. 具有组织和协调能力			
	发现、分析和解决问题能力 5分	1. 善于发现实验过程中的问题 2. 自主分析和解决实验中的问题			
	创新能力 5分	1. 善于总结工作经验 2. 善于体验新的检测方法			
态度 10分	工作态度	工作认真、细致			
合计					

【思考与练习】

1. 简述丙二醛的检测意义和检测原理。
2. 简述丙二醛的检测方法和流程。
3. 利用快速检测法检测市场上炸油条用的油是否含有丙二醛。

项目二

食品添加剂快速检测

任务1　午餐肉中亚硝酸盐的快速检测

【学习目标】

1. 了解亚硝酸盐快速检测的意义和相关方法。
2. 掌握亚硝酸盐快速检测的适用范围。
3. 掌握食品中亚硝酸盐的限量标准。
4. 能在没有教师的指导下，查阅相关学习资料对食盐与亚硝酸盐进行快速鉴别。
5. 能在教师指导下，以小组协作方式利用速测管对食品中亚硝酸盐的含量进行快速检测。

【任务引入】

2010年10月8日，四川省泸定县某酒店发生一起食物中毒事件，43人在用完早餐后出现恶心、头晕、心跳加快、胃部不适、乏力、呕吐等症状。其中1人抢救无效死亡，其余42人得到及时、有效的治疗后，病情稳定。随后，四川省卫生厅确定此次事故系亚硝酸盐中毒。

亚硝酸盐具有较强的毒性，食入0.3～0.5 g的亚硝酸盐即可中毒甚至死亡。它能进入人体血液，与血红蛋白结合，使正常含二价铁离子的血红蛋白变成含三价铁离子的高铁血红蛋白，后者失去携氧能力，导致组织缺氧；或者随食品进入人体胃肠等消化道，与蛋白质消化产物仲胺生成亚硝胺或亚硝酸铵，两者均具有强致癌性和毒性。亚硝酸盐急性中毒的原因多为将亚硝酸盐误作食盐、面碱等食用，以及掺杂、使假、投毒等。慢性中毒（包括癌变）原因多为饮用含亚硝酸盐量过高的井水、污水，以及长期食用含有超量亚硝酸盐的肉制品和被亚硝酸盐污染了的食品。因此，测定亚硝酸盐的含量是食品安全检测中非常重要的项目之一。本任务将完成午餐肉中亚硝酸盐的快速检测工作。

【任务分析】

利用按照国家标准《食品中亚硝酸盐与硝酸盐的测定》（GB 5009.33—2010）（盐酸萘乙二胺法）显色原理做成的快速检测管或者快速检测试纸，与标准色卡比对定量或半定量，约 10 min 可完成测定。

【相关知识】

一、亚硝酸盐概述

亚硝酸盐主要指亚硝酸钠、亚硝酸钾，为白色或浅黄色晶体颗粒、粉末或棒状的块，无臭，略带咸味，易溶于水。外观及滋味都与食盐相似，并在工业、建筑业中使用广泛。在我国允许作为发色剂，常限量用于腌制畜禽肉罐头、肉制品和腌制盐水火腿等，有增强风味、抗菌防腐的作用。

根据 GB 2760—2011《食品安全国家标准　食品添加剂使用标准》中的相关规定亚硝酸盐使用范围及最大使用量和残留量见表 2—1—1。

表 2—1—1　　亚硝酸盐使用范围及最大使用量和残留量

食品名称	最大使用量（g/kg）	备注
腌腊肉制品类（如咸肉、腊肉、板鸭、中式火腿、腊肠）	0.15	以亚硝酸钠计，残留量小于等于 30 mg/kg
酱卤肉制品类		以亚硝酸钠计，残留量小于等于 30 mg/kg
熏、烧、烤肉类		以亚硝酸钠计，残留量小于等于 30 mg/kg
油炸肉类		以亚硝酸钠计，残留量小于等于 30 mg/kg
西式火腿（熏烤、烟熏、蒸煮火腿）类		以亚硝酸钠计，残留量小于等于 70 mg/kg
肉灌肠类		以亚硝酸钠计，残留量小于等于 30 mg/kg
发酵肉制品类		以亚硝酸钠计，残留量小于等于 30 mg/kg
肉罐头类		以亚硝酸钠计，残留量小于等于 50 mg/kg

二、亚硝酸盐快速检测的原理和适用范围

1. 检测原理

亚硝酸离子首先在弱酸条件下与苯磺酸反应重氮化，然后再与盐酸萘乙二胺反应偶合，生成紫红色螯合物。

2. 适用范围

适用于火腿肠、午餐肉、酸白菜等食物，以及水及中毒残留物中亚硝酸盐的快速检测。

【任务实施】

一、检测准备工作

1. 仪器和设备

手持电子天平、研钵、药匙、称量瓶、10 mL 纳氏比色管、一次性吸管、亚硝酸盐快速检测管、比色卡。

2. 样品

市售午餐肉罐头。

二、样品分析

配图	实验步骤	操作说明
	（1）取粉碎均匀的午餐肉样品 1.0 g	（1）生活饮用水中常存有微量的亚硝酸盐，不能作为测定用稀释液 （2）若显色后颜色很深且有沉淀产生，或很快褪色变成浅黄色，说明样品中亚硝酸盐含量很高，须加大稀释倍数重新测定 （3）若样品显色介于色卡两个标示含量之间时，判读两者之间的大约含量 （4）对超标样品应进行重复实验，有条件时送实验室准确定量

续表

<table>
<tr><th>配图</th><th>实验步骤</th><th>操作说明</th></tr>
<tr><td>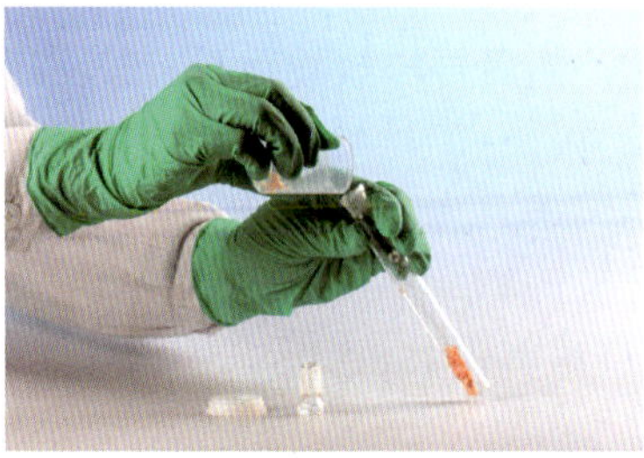</td><td>（2）置于 10 mL 比色管中</td><td rowspan="4">（1）生活饮用水中常存有微量的亚硝酸盐，不能作为测定用稀释液
（2）若显色后颜色很深且有沉淀产生，或很快褪色变成浅黄色，说明样品中亚硝酸盐含量很高，须加大稀释倍数重新测定
（3）若样品显色介于色卡两个标示含量之间时，判读两者之间的大约含量
（4）对超标样品应进行重复实验，有条件时送实验室准确定量</td></tr>
<tr><td>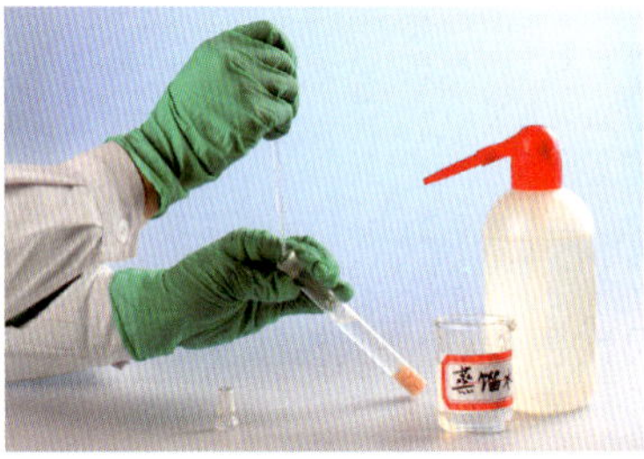</td><td>（3）加蒸馏水或去离子水（纯净水）至刻度，充分振摇后放置</td></tr>
<tr><td>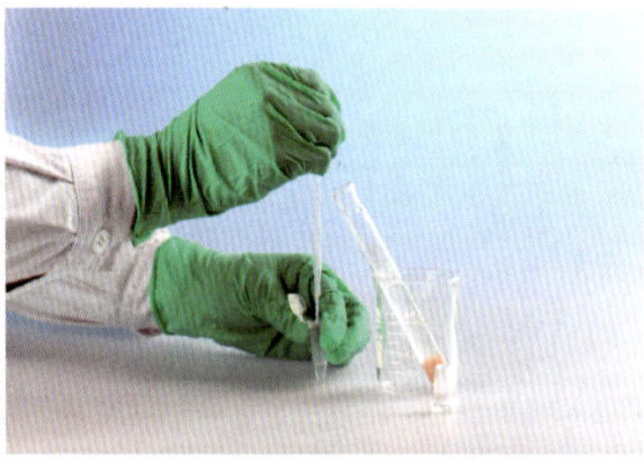</td><td>（4）取上清液（或过滤或离心得到）1.0 mL 加入检测管中</td></tr>
<tr><td>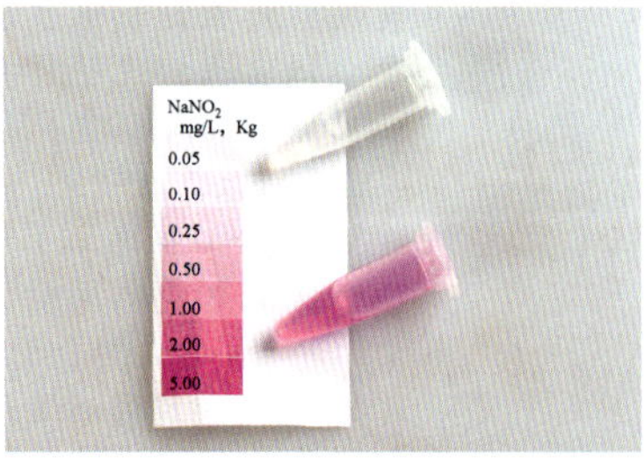</td><td>（5）盖上盖，将试剂振摇 5 min，将快速检测管粗端显色部位距离对照色卡大约 1 cm 进行对比，该色板上的数值乘以 10 即为午餐肉样品中亚硝酸盐的含量（mg/kg，以 $NaNO_2$ 计）。如果测试结果超出色板上的最高值，可继续定量稀释后测定，并在计算结果时乘以稀释倍数</td></tr>
</table>

【考核评价】

素质	内容/学习目标	评价项目	评价：自我评价30%	评价：小组评价30%	评价：教师评价40%
知识20分	应知应会	1. 亚硝酸盐快速检测的意义 2. 亚硝酸盐快速检测的相关方法 3. 亚硝酸盐快速检测的适用范围 4. 食品中亚硝酸盐的限量标准			
专业能力50分	实验准备10分	1. 快速检测仪器和设备准备充分 2. 组内分工明确			
	样品采集10分	1. 样品采集具有代表性、典型性、时效性和程序性 2. 正确选择并使用采样工具和容器 3. 正确选择采样技术			
	快速检测10分	1. 食盐中亚硝酸盐的快速检测及食盐与亚硝酸盐的快速鉴别准确 2. 液体样品的检测正确 3. 固体或半固体样品的检测正确			
	检测报告10分	1. 检测报告计量和计数单位正确 2. 检测结果的表述和评价正确 3. 处理意见正确 4. 检测报告填写规范			
	遵守安全、卫生要求10分	1. 正确执行安全技术操作规程 2. 实验过程保持现场整洁			
通用能力20分	语言能力5分	1. 准确阐述自己的观点 2. 专业术语表达准确			
	合作能力5分	1. 能与同学配合共同完成工作 2. 具有组织和协调能力			
	发现、分析和解决问题能力5分	1. 善于发现实验过程中的问题 2. 自主分析和解决实验中的问题			
	创新能力5分	1. 善于总结工作经验 2. 善于体验新的检测方法			
态度10分	工作态度	工作认真、细致			
合计					

【思考与练习】

1．快速检测管中试剂的配方是什么？

2．如何制作一份标准比色卡？

3．叙述食盐中亚硝酸盐的快速检测及食盐与亚硝酸盐的快速鉴别方法。

提示：用小勺取食盐一平勺，放入检测管中，加入蒸馏水或纯净水至 1 mL 刻度处，盖上盖，将固体部分摇溶，5 min 后将快速检测管粗端显色部位距离对照色卡大约 1 cm 处进行对比，找出与色卡相同或相近的色阶，该色阶上的数值乘以 10 即为食盐中亚硝酸盐的含量（mg/kg）。国家标准规定食盐（精盐）中亚硝酸盐的限量卫生标准应小于等于 2 mg/kg。当样品出现血红色且有沉淀产生或很快褪色变成黄色时，可判定亚硝酸盐含量相当高或样品本身就是亚硝酸盐。

4．液体食品中亚硝酸盐的快速检测。

提示：直接取澄清液体样品 1 mL 加入检测管中，盖上盖，将试剂摇溶，5 min 后将快速检测管粗端显色部位距离对照色卡大约 1 cm 进行对比，找出与色卡相同或相近的色阶，该色阶上的数值即为样品中亚硝酸盐（以 $NaNO_2$ 计）的含量（mg/L）。如果亚硝酸盐的含量以氮（N）为计算单位（如饮用水或水源水等），读取色阶上的数值后除以 5 即可。如果亚硝酸盐的含量以亚硝酸根（NO_2^-）为计算单位（如矿泉水、瓶装饮用纯净水等），读取色阶上的数值乘以 2 即为样品中亚硝酸盐的近似含量（mg/L）。

5．乳浊食品中亚硝酸盐的快速检测。

提示：牛乳及豆浆可直接取 1 mL 加入检测管中，盖上盖，将试剂摇溶，5 min 后将快速检测管粗端显色部位距离对照色卡大约 1 cm 进行对比，找出与检测管中溶液颜色相同或相近的色阶，该色阶上的数值乘以 2 即为样品中亚硝酸盐的近似含量（mg/L）。

任务 2　干果中二氧化硫的快速检测

【学习目标】

1. 了解二氧化硫快速检测的意义和相关方法。
2. 掌握二氧化硫快速检测的适用范围。
3. 掌握食品中二氧化硫的限量标准。

4. 能在教师指导下，以小组协作方式利用滴瓶快速测定法对食品中二氧化硫的含量进行快速检测。

5. 能在教师指导下，以小组协作方式利用速测管比色法对食品中二氧化硫的含量进行快速检测。

【任务引入】

地瓜干在晾晒过程中往往会自然褐变，外表看起来会有黑色的斑痕，商贩们为了让地瓜干好看，就用二氧化硫等化学物质对其进行“美容”。消费者吃了二氧化硫超标的食物会感到恶心，甚至呕吐。2010 年 5 月，两批次二氧化硫超标的地瓜干和话梅被北京市工商行政管理局责令全市停售。

二氧化硫残留量是亚硫酸盐在食品中存在的计量形式，亚硫酸盐主要包括亚硫酸钠、亚硫酸氢钠、低亚硫酸钠（又称保险粉）、焦亚硫酸钠、焦亚硫酸钾和硫黄燃烧生成的二氧化硫等。这些物质于食品中解离成具有强还原性的亚硫酸，起到漂白、脱色、防腐和抗氧化作用，但用量过大会破坏食品的营养成分并对人体产生危害，导致胃肠道反应，影响钙、磷的吸收，造成免疫力低下，尤其是加入不允许加入的食品（如牛乳）中时，其潜在的危害性就更大。本任务将完成干果中二氧化硫的快速检测工作。

【任务分析】

现场二氧化硫残留量快速检测有两种方法，即滴瓶快速测定法和速测管比色法。

【相关知识】

一、滴瓶快速测定法

1. 检测原理

样品中的二氧化硫以游离和结合型存在，加入氢氧化钾破坏其结合状态，并使之固定。加入硫酸又使二氧化硫游离，然后用碘标准溶液滴定。到达终点时，过量的碘即与指示剂作用生成蓝色复合物。根据碘标准溶液的消耗量计算出二氧化硫的含量。

2. 适用范围

此方法适用于白糖、淀粉等粉状食品中二氧化硫的快速检测。

二、速测管比色法

1. 检测原理

采用根据国家标准《食品中亚硫酸盐的测定》（GB/T 5009.34—2003）改进后的现场半定量快速检测方法，操作相对简单。最低检出限为 50 mg/kg。

2. 适用范围

此方法可应用于米面制品、豆制品、腌渍品、保鲜蔬菜、脱皮蔬菜、血制品、白糖等食品中二氧化硫和人为添加的吊白块物质的测定。

三、二氧化硫使用范围及最大使用量和残留量

根据 GB 2760—2011《食品安全国家标准　食品添加剂使用标准》中的相关规定二氧化硫使用范围及最大使用量和残留量见表 2—2—1。

表 2—2—1　二氧化硫使用范围及最大使用量和残留量

食品名称	最大使用量（g/kg）	备　注
经表面处理的鲜水果	0.05	最大使用量以二氧化硫残留量计
水果干类	0.1	最大使用量以二氧化硫残留量计
蜜饯凉果	0.35	最大使用量以二氧化硫残留量计
干制蔬菜	0.2	最大使用量以二氧化硫残留量计
干制蔬菜（仅限脱水马铃薯）	0.4	最大使用量以二氧化硫残留量计
腌渍的蔬菜	0.1	最大使用量以二氧化硫残留量计
蔬菜罐头（仅限竹笋、酸菜）	0.05	最大使用量以二氧化硫残留量计
干制的食用菌和藻类	0.05	最大使用量以二氧化硫残留量计
食用菌和藻类罐头（仅限蘑菇罐头）	0.05	最大使用量以二氧化硫残留量计
腐竹类（包括腐竹、油豆皮等）	0.2	最大使用量以二氧化硫残留量计
坚果与籽类罐头	0.05	最大使用量以二氧化硫残留量计
可可制品、巧克力和巧克力制品（包括代可可脂巧克力及其制品）及糖果	0.1	最大使用量以二氧化硫残留量计
米粉制品（仅限水磨年糕）	0.05	最大使用量以二氧化硫残留量计
食用淀粉	0.03	最大使用量以二氧化硫残留量计

续表

食品名称	最大使用量（g/kg）	备　注
粉丝、粉条	0.1	最大使用量以二氧化硫残留量计
冷冻米面制品（仅限风味派）	0.05	最大使用量以二氧化硫残留量计
饼干	0.1	最大使用量以二氧化硫残留量计
食糖	0.1	最大使用量以二氧化硫残留量计
淀粉糖（果糖、葡萄糖、饴糖、部分转化糖等）	0.04	最大使用量以二氧化硫残留量计
调味糖浆	0.05	最大使用量以二氧化硫残留量计
半固体复合调味料	0.05	最大使用量以二氧化硫残留量计
果蔬汁（浆）	0.05	最大使用量以二氧化硫残留量计，浓缩果蔬汁（浆）按浓缩倍数折算
果蔬汁（肉）饮料（包括发酵型产品等）	0.05	最大使用量以二氧化硫残留量计，浓缩果蔬汁（浆）按浓缩倍数折算
葡萄酒	0.25 g/L	甜型葡萄酒及果酒系列产品最大使用量为 0.4 g/L，最大使用量以二氧化硫残留量计
果酒	0.25 g/L	甜型葡萄酒及果酒系列产品最大使用量为 0.4 g/L，最大使用量以二氧化硫残留量计
啤酒和麦芽饮料	0.01	最大使用量以二氧化硫残留量计

【任务实施】

一、滴瓶快速测定法

1. 检测准备工作

（1）仪器和设备：手持电子天平、研钵、药匙、称量瓶、具塞三角瓶、量筒、漏斗、滤纸、一次性吸管、滴瓶。

（2）试剂

1）1 号试液：饱和氢氧化钾溶液。

2）2 号试液：（1+1）硫酸溶液。

3）3 号指示液：1% 淀粉溶液。

4）4 号滴定液：0.005 mol/L 碘标准溶液。

（3）样品：市售袋装干果。

2. 样品分析

<table>
<tr><th>配图</th><th>实验步骤</th><th>操作说明</th></tr>
<tr><td></td><td>（1）样品处理
1）取适量干果样品研磨或捣碎，准确称取 2.0 g 干果样品</td><td rowspan="4">（1）在取样量为 2.0 g 的情况下，每 1 滴 4 号滴定液相当于 0.008 g/kg 的二氧化硫，由此可推算出用 4 号滴定液滴定某些食品时不应超出的滴数（减去空白溶液消耗后的滴数），如残留限量小于等于 0.05 g/kg 的食品不应多于 7 滴，残留限量小于等于 0.03 g/kg 的食品不应多于 4 滴，残留限量小于等于 0.1 g/kg 的食品不应多于 12 滴。当取样量改变时（如水不溶性固体），应按公式计算
（2）萝卜、蒜、辣椒中含有硫化物成分对测定有干扰，选择样品时应注意
（3）本方法不适于有色泽或色泽较深的样品
（4）1 号和 2 号试液分别为强碱和强酸溶液，一旦误入眼中应用大量清水冲洗
（5）剩余的碘标准溶液必须倒回棕色瓶中保存，以待下次使用
（6）本方法为国家标准分析方法改进后的现场快速检测方法（省去了蒸馏步骤），与国标法相比其测定结果的精密度差一些，多次测定结果的平均值可以起到校准作用，对于超出国家标准规定值的样品，必要时可以送实验室进一步测定</td></tr>
<tr><td></td><td>2）置入具塞三角瓶中</td></tr>
<tr><td></td><td>3）加入 50.0 mL 蒸馏水或纯净水</td></tr>
<tr><td></td><td>4）加入 10 滴 1 号（碱性）试液，盖塞后振摇 2 min 或用超声波提取器提取 30 s。如果干果样品黏性较大（如葡萄干等），应溶解成絮状，必要时采用玻璃棒助溶</td></tr>
</table>

续表

配图	实验步骤	操作说明
	5）将溶液用滤纸过滤	（1）在取样量为 2.0 g 的情况下，每 1 滴 4 号滴定液相当于 0.008 g/kg 的二氧化硫，由此可推算出用 4 号滴定液滴定某些食品时不应超出的滴数（减去空白溶液消耗后的滴数），如残留限量小于等于 0.05 g/kg 的食品不应多于 7 滴，残留限量小于等于 0.03 g/kg 的食品不应多于 4 滴，残留限量小于等于 0.1 g/kg 的食品不应多于 12 滴。当取样量改变时（如水不溶性固体），应按公式计算 （2）萝卜、蒜、辣椒中含有硫化物成分对测定有干扰，选择样品时应注意 （3）本方法不适于有色泽或色泽较深的样品 （4）1 号和 2 号试液分别为强碱和强酸溶液，一旦误入眼中应用大量清水冲洗 （5）剩余的碘标准溶液必须倒回棕色瓶中保存，以待下次使用 （6）本方法为国家标准分析方法改进后的现场快速检测方法（省去了蒸馏步骤），与国标法相比其测定结果的精密度差一些，多次测定结果的平均值可以起到校准作用，对于超出国家标准规定值的样品，必要时可以送实验室进一步测定
	6）或静置后用带刻度的吸管直接吸取得到 10.0 mL 澄清溶液，放入另一个三角瓶中待测（此时的干果样品取样量 M=2×10/50=0.4 g）	
	（2）测定 1）在待测液的三角瓶中加入 3 滴 2 号试液（酸液），如果干果样品在处理时未从中分取一部分溶液测定，则在待测液的三角瓶中加入 5 滴 2 号试液（保证测定是在酸性溶液中进行）	
	2）盖塞轻轻摇动 50 次，加入 3 ～ 5 滴 3 号指示液	
	3）将棕色瓶中的 4 号滴定液倒入备用空滴瓶中	

续表

配图	实验步骤	操作说明
	4）用此滴瓶对三角瓶中的溶液进行直立式滴定，每滴 1 滴滴定液后都要摇动几下，滴至出现蓝紫色并 30 s 不褪色为止，记录 4 号滴定液消耗的滴数	（1）在取样量为 2.0 g 的情况下，每 1 滴 4 号滴定液相当于 0.008 g/kg 的二氧化硫，由此可推算出用 4 号滴定液滴定某些食品时不应超出的滴数（减去空白溶液消耗后的滴数），如残留限量小于等于 0.05 g/kg 的食品不应多于 7 滴，残留限量小于等于 0.03 g/kg 的食品不应多于 4 滴，残留限量小于等于 0.1 g/kg 的食品不应多于 12 滴。当取样量改变时（如水不溶性固体），应按公式计算 （2）萝卜、蒜、辣椒中含有硫化物成分对测定有干扰，选择样品时应注意 （3）本方法不适于有色泽或色泽较深的样品 （4）1 号和 2 号试液分别为强碱和强酸溶液，一旦误入眼中应用大量清水冲洗 （5）剩余的碘标准溶液必须倒回棕色瓶中保存，以待下次使用 （6）本方法为国家标准分析方法改进后的现场快速检测方法（省去了蒸馏步骤），与国标法相比其测定结果的精密度差一些，多次测定结果的平均值可以起到校准作用，对于超出国家标准规定值的样品，必要时可以送实验室进一步测定
	5）取与干果样品相同体积的蒸馏水或纯净水按相同的方法进行空白溶液测定，并记录 4 号滴定液消耗的滴数	

（3）结果计算。按以下公式计算出干果样品中二氧化硫的含量：

$$X=\frac{(G_1-G_2)\times 0.016}{M}$$

式中 X—— 干果样品中二氧化硫的含量，g/kg（g/L）

G_1—— 滴定样品溶液消耗 4 号滴定液的滴数

G_2—— 滴定空白溶液消耗 4 号滴定液的滴数

0.016—— 换算系数

M—— 干果取样量，g

二、速测管比色法

1. 检测准备工作

（1）仪器和设备：手持电子天平、研钵、药匙、烧杯、量筒、一次性吸管、二氧化硫速测管（具塞离心管）、比色卡。

（2）试剂

1）A 试液：氨基磺酸铵溶液。

2）B 试液：副品红的浓盐酸溶液。

（3）样品：市售袋装干果。

2. 样品分析

配图	实验步骤	操作说明
	（1）样品处理 1）准确称取 1.0 g 干果样品，将其捣碎	（1）观察显色情况应在 5 ~ 20 min 内进行，二氧化硫的显色为粉色至紫色，有些物质会使溶液渐变为蓝色，此为正常现象，可以忽略不计 （2）对于超标样品应重复测定，必要时送实验室进一步测定 （3）正常牛乳中会有微量的亚硫酸盐存在，如果牛乳检测的结果接近于色卡 50 mg/kg 时为可疑样品，如果高于 50 mg/kg 时可以考虑人为掺入了亚硫酸盐
	2）加入 49.0 mL 蒸馏水或纯净水	
	3）振摇，放置 5 min，取 1.0 mL 上清液置于速测管中	
	（2）测定 1）在装有 1 mL 干果样品处理液的速测管中加入 3 滴 A 试液	

续表

配图	实验步骤	操作说明
	2）加入 3 滴 B 试液	（1）观察显色情况应在 5～20 min 内进行，二氧化硫的显色为粉色至紫色，有些物质会使溶液渐变为蓝色，此为正常现象，可以忽略不计 （2）对于超标样品应重复测定，必要时送实验室进一步测定 （3）正常牛乳中会有微量的亚硫酸盐存在，如果牛乳检测的结果接近于色卡 50 mg/kg 时为可疑样品，如果高于 50 mg/kg 时可以考虑人为掺入了亚硫酸盐
	3）摇匀，5~20 min 内观察显色情况，与色卡对照，找出与色卡中相当或相近的色阶，其色阶上的数值即为干果样品中二氧化硫的含量（mg/kg 或 mg/L）	

【考核评价】

素质	内容 学习目标	评价项目	评价 自我评价 30%	 小组评价 30%	 教师评价 40%
知识 20 分	应知应会	1. 二氧化硫快速检测的意义 2. 二氧化硫快速检测的相关方法 3. 二氧化硫快速检测的适用范围 4. 食品中二氧化硫的限量标准			
专业能力 50 分	实验准备 10 分	1. 快速检测仪器和设备准备充分 2. 组内分工明确			
	样品采集 10 分	1. 样品采集具有代表性、典型性、时效性和程序性 2. 正确选择并使用采样工具和容器 3. 正确选择采样技术			
	快速检测 10 分	1. 滴瓶快速测定法测定二氧化硫准确 2. 速测管比色法测定二氧化硫准确			
	检测报告 10 分	1. 检测报告计量和计数单位正确 2. 检测结果的表述和评价正确 3. 处理意见正确 4. 检测报告填写规范			

续表

素质	内容 学习目标	评价项目	评　价		
			自我评价 30%	小组评价 30%	教师评价 40%
专业能力 50分	遵守安全、卫生要求 10分	1. 正确执行安全技术操作规程 2. 实验过程保持现场整洁			
通用能力 20分	语言能力 5分	1. 准确阐述自己的观点 2. 专业术语表达准确			
	合作能力 5分	1. 能与同学配合共同完成工作 2. 具有组织和协调能力			
	发现、分析和解决问题能力 5分	1. 善于发现实验过程中的问题 2. 自主分析和解决实验中的问题			
	创新能力 5分	1. 善于总结工作经验 2. 善于体验新的检测方法			
态度 10分	工作态度	工作认真、细致			
合计					

【思考与练习】

1．碘标准溶液的配制应注意什么？

2．如何通过滴数来快速判断样品中二氧化硫超标的问题？

3．用滴瓶快速测定法测定无色水溶性固体食品（如白砂糖、冰糖、果糖等）。

提示（样品处理）：准确称取 2.0 g 样品，置入具塞三角瓶中，加入 10 ~ 20 mL 蒸馏水或纯净水，加入 5 滴 1 号（碱性）试液，盖塞振摇溶解后待测。

4．用速测管比色法测定无色液体食品（包括牛乳）。

提示（样品处理）：准确吸取 1.0 mL 样品，用蒸馏水或纯净水进行 50 倍稀释，摇匀，从中取 1.0 mL 至速测管中。

5．用速测管比色法测定无色水溶性固体食品（如白砂糖、冰糖等）。

提示（样品处理）：准确称取 1.0 g 样品，用蒸馏水或纯净水溶解并加水至 50 mL，混匀，从中取 1.0 mL 至速测管中。

项目三

非法添加物快速检测

任务 1 粉丝中吊白块的快速检测

【学习目标】

1. 了解吊白块快速检测的意义和相关方法。

2. 掌握吊白块快速检测的适用范围。

3. 能在教师指导下，以小组协作方式利用速测管法对食品中吊白块的含量进行快速检测。

4. 能在没有教师的指导下，查阅相关学习资料利用醋酸铅试纸法对食品中吊白块的含量进行快速检测。

5. 能在教师指导下，以小组协作方式利用试检测管比色法（副品红法）对食品中甲醛的含量进行快速检测。

【任务引入】

2009 年 4 月，北京市工商行政管理局对违法添加非食用物质和滥用食品添加剂进行专项整治。抽检发现，11 种食品含有甲醛次硫酸氢钠，即“吊白块”。“吊白块”经加热后分解成甲醛和二氧化硫，超量食用含有“吊白块”的食品会损坏肾脏、肝脏。

国家严禁将吊白块作为食品添加剂在食品中使用，任何食品生产、加工企业和个人不得在生产食品过程中使用吊白块，或以掩盖食品腐败变质和增加色度、韧性、保质期等为由向食品中添加吊白块。食用含有吊白块的食品会对人体健康造成严重危害。加热后，吊白块会分解出剧毒的致癌物质（如甲醛等），人食用后会引起胃痛、呕吐和呼吸困难，并对肝脏、肾脏、中枢神经造成损害，严重的还会导致癌变和畸形病变。本任务将完成粉丝中吊白块的快速检测工作。

【任务分析】

现场快速检测食品中的吊白块有三种方法，即速测管法、醋酸铅试纸法和检测管比色法（副品红法）。

【相关知识】

一、吊白块概述

甲醛次硫酸氢钠俗称吊白块、雕白粉，分子式为 $CH_2(OH)SO_2Na \cdot 2H_2O$ 或 $NaHSO_2 \cdot CH_2O \cdot 2H_2O$，白色块状或结晶性粉末，溶于水；具有强还原性，是纺织和橡胶工业原料，用做印染拔染剂、有机物的脱色和漂白剂等。

二、吊白块快速检测的原理

1. 速测管法

吊白块游离出的甲醛与显色剂反应生成紫色化合物，与比色板比对得出甲醛的含量。当甲醛含量较高时再测定二氧化硫含量，如二氧化硫含量超出国家规定限量值，可推断吊白块的存在。

2. 醋酸铅试纸法

甲醛次硫酸氢钠在酸性介质中与原子态氢生成 H_2S，使醋酸铅试纸变黑；甲醛与乙酰丙酮及铵离子反应生成黄色化合物。

3. 检测管比色法（副品红法）

检测管中的试剂（汞试剂、盐酸品红溶液等）与吊白块反应，如果甲醛存在，则亚硫酸根离子与副品红生成紫色络合物，用肉眼可以直接观察。

三、吊白块快速检测的适用范围

适用于粉丝、米粉、面粉、年糕、馒头等米面制品和豆制品、腌渍品、保鲜蔬菜、脱皮蔬菜、血制品、白糖等食品中人为添加的吊白块的测定。

【任务实施】

一、速测管法

1. 检测准备工作

（1）仪器和设备：手持电子天平、研钵、药匙、烧杯、10 mL 纳氏比色管、一次性吸管、吊白块速测管（具塞离心管）、比色卡。

（2）试剂

1）饱和氢氧化钾或5mol/L氢氧化钾溶液（1号试剂）：取28 g氢氧化钾溶于适量蒸馏水中，稍冷后，加蒸馏水至100 mL。

2）5 g/L AHMT盐酸溶液（2号试剂）：取0.5 g AHMT溶于100 mL的0.2 mol/L盐酸溶液中，此溶液置于暗处或保存于棕色瓶中可保存半年。

3）1.5%高碘酸钾的氢氧化钾溶液（3号试剂）：称取1.5 g高碘酸钾于100 mL的0.2 mol/L氢氧化钾溶液中，置于水浴上加热使其溶解，备用。

（3）样品：市售袋装粉丝。

2. 样品分析

配图	实验步骤	操作说明
	（1）取1 g剪碎的粉丝样品于10 mL纳氏比色管中	（1）米粉、面粉、粉丝等食品本底会含有少量的甲醛，大约为20 mg/kg，当检测结果显示甲醛含量大于这一数值时，应检测样品中二氧化硫的含量是否大于国家标准规定值（参考二氧化硫的快速检测法），以此来确定样品中是否掺入了吊白块成分 （2）本方法为现场快速检测法，精确定量应以国标法为准
	（2）加蒸馏水至10 mL，振摇20次，放置5 min	
	（3）取1 mL上清液至离心管中	

续表

配图	实验步骤	操作说明
	（4）加入4滴1号试剂	（1）米粉、面粉、粉丝等食品本底会含有少量的甲醛，大约为20 mg/kg，当检测结果显示甲醛含量大于这一数值时，应检测样品中二氧化硫的含量是否大于国家标准规定值（参考二氧化硫的快速检测法），以此来确定样品中是否掺入了吊白块成分 （2）本方法为现场快速检测法，精确定量应以国标法为准
	（5）加入4滴2号试剂，加盖后混匀	
	（6）1 min后，加2滴3号试剂，摇匀	
0.0　0.25　0.5　1.0　5.0　10.0　20.0 甲醛含量mg/L(kg)比色板	（7）5～10 min内与标准色板比对，读数乘以10即为样品中甲醛含量（mg/kg）。若颜色超出色板标示含量范围，应将样品用蒸馏水稀释后重新测定，比色结果再乘以稀释倍数即可	

二、醋酸铅试纸法

1. 检测准备工作

（1）仪器和设备：手持电子天平、研钵、药匙、具塞三角瓶、量筒、一次性吸管、镊子。

（2）试剂

1）盐酸溶液：加水按体积比 1∶1 稀释。

2）锌粒。

3）醋酸铅试纸。

（3）样品：市售袋装粉丝。

2. 样品分析

<table>
<tr><th>配图</th><th>实验步骤</th><th>操作说明</th></tr>
<tr><td></td><td>（1）取 2 g 磨碎待测粉丝样品置于三角瓶中</td><td rowspan="4">样品处理清液有颜色，可以参考其他甲醛的快速测定方法，也可采用水蒸气蒸馏法，蒸馏后取馏出液测定（所用时间较长）</td></tr>
<tr><td></td><td>（2）加入 10 倍量的蒸馏水混匀</td></tr>
<tr><td></td><td>（3）然后向瓶中加入盐酸溶液约 5 mL</td></tr>
<tr><td></td><td>（4）加锌粒 2 ~ 3 粒</td></tr>
</table>

续表

配图	实验步骤	操作说明
	（5）迅速在瓶口放一张湿润的醋酸铅试纸，放置数分钟	样品处理清液有颜色，可以参考其他甲醛的快速测定方法，也可采用水蒸气蒸馏法，蒸馏后取馏出液测定（所用时间较长）
	（6）同时做对照实验，观察试纸颜色的变化	

三、检测管比色法（副品红法）

1. 检测准备工作

（1）仪器和设备：手持电子天平、研钵、药匙、具塞三角瓶、量筒、一次性吸管、吊白块快速检测管。

（2）样品：市售袋装粉丝。

2. 样品分析

配图	实验步骤	操作说明
	（1）测定 1）取大约 20 g 粉丝样品置于三角瓶中	（1）该反应专一性强，不易受其他物质干扰，可以快速、准确地判断食品样品中有没有加入吊白块，最低检出限为 10 mg/kg （2）检测管中的试剂含有酸性物质，操作过程要小心，不要让其洒落出来，加样品液后应盖紧盖子再摇动

续表

配图	实验步骤	操作说明
	2)加入50 mL蒸馏水，充分振摇，放置10 min	（3）如果不小心沾到反应液，应立即用清水冲洗干净；用过的检测管应妥善处理，不可乱丢或让儿童接触到 （4）本方法为简便方法，对于阳性样品，最好再用标准方法进行确认
	3）取一支吊白块检测管，用吸管吸取1 mL粉丝样品浸取液，加入检测管中，盖好检测管的盖子，充分摇匀静置5 min。每次检测用蒸馏水做一支空白对照管	
	（2）结果判定。以白纸或白瓷板衬底，溶液显蓝绿色为吊白块未检出，溶液显浅紫色为样品中吊白块含量低，溶液显紫红色为样品中吊白块含量高	

【考核评价】

素质	内容 学习目标	评价项目	评价 自我评价30%	 小组评价30%	 教师评价40%
知识20分	应知应会	1. 吊白块快速检测的意义 2. 吊白块快速检测的相关方法 3. 吊白块快速检测的适用范围			

续表

素质	内容 学习目标	评价项目	评价		
			自我评价30%	小组评价30%	教师评价40%
专业能力50分	实验准备10分	1. 快速检测仪器和设备准备充分 2. 组内分工明确			
	样品采集10分	1. 样品采集具有代表性、典型性、时效性和程序性 2. 正确选择并使用采样工具和容器 3. 正确选择采样技术			
	快速检测10分	1. 速测管法测定吊白块正确 2. 醋酸铅试纸法测定吊白块正确 3. 检测管比色法（副品红法）测定吊白块正确			
	检测报告10分	1. 检测报告计量和计数单位正确 2. 检测结果的表述和评价正确 3. 处理意见正确 4. 检测报告填写规范			
	遵守安全、卫生要求10分	1. 正确执行安全技术操作规程 2. 实验过程保持现场整洁			
通用能力20分	语言能力5分	1. 准确阐述自己的观点 2. 专业术语表达准确			
	合作能力5分	1. 能与同学配合共同完成工作 2. 具有组织和协调能力			
	发现、分析和解决问题能力5分	1. 善于发现实验过程中的问题 2. 自主分析和解决实验中的问题			
	创新能力5分	1. 善于总结工作经验 2. 善于体验新的检测方法			
态度10分	工作态度	工作认真、细致			
合计					

【思考与练习】

1．吊白块在食品中有哪些作用？对人体有什么危害？

2．测定甲醛和二氧化硫的原理分别是什么？

3．应用速测管法、醋酸铅试纸法、检测管比色法（副品红法）测定腐竹中吊白块的含量。

任务 2　水发海参中甲醛的快速检测

【学习目标】

1. 了解甲醛快速检测的意义和相关方法。

2. 掌握甲醛快速检测的适用范围和注意事项。

3. 能在没有教师的指导下，查阅相关学习资料利用间苯三酚法对食品中甲醛的含量进行快速检测。

4. 能在没有教师的指导下，查阅相关学习资料利用亚硝基亚铁氰化钠法对食品中甲醛的含量进行快速检测。

5. 能在没有教师的指导下，查阅相关学习资料利用 AHMT 法对食品中甲醛的含量进行快速检测。

6. 能在没有教师的指导下，查阅相关学习资料利用三氯化铁法对食品中甲醛的含量进行快速检测。

【任务引入】

2010 年 9 月，哈尔滨市很多市民食用鱿鱼后浑身出现成片的红疙瘩，刺痒难忍。经医生检查诊断为荨麻疹，而致敏原是甲醛。据统计，2010 年 8 月至 9 月底，哈尔滨市因食用“甲醛鱿鱼”过敏的患者至少有三四百例。

甲醛是一种毒性较强、可以破坏生物细胞蛋白的物质，可导致人体过敏、肠道刺激反应、食物中毒等疾患。食品在生产、加工与运输环节一般不容易被甲醛污染。某些食物本底存在微量的甲醛不足以对人体造成危害。由于甲醛可以改变一些食品的色感并具有防腐作用，所以在无知或金钱利益的驱使下，一些不法分子在食品中加入了甲醛。本任务将完成水发海参中甲醛的快速检测工作。

【任务分析】

现场快速检测食品中甲醛的含量有四种方法，即间苯三酚法、亚硝基亚铁氰化钠法、AHMT 法和三氯化铁法。

【相关知识】

一、甲醛快速检测的原理

1. 间苯三酚法

在碱性条件下，甲醛与间苯三酚反应后使溶液出现橙红色特征。由于此方法的灵敏度较低，水产品本底存在的甲醛很难参与反应，当人为加入甲醛时，此方法可迅速检测出来。此方法为农业部部颁标准方法。

2. 亚硝基亚铁氰化钠法

在碱性条件下，甲醛与亚硝基亚铁氰化钠反应后使溶液出现蓝色特征。此方法为农业部部颁标准方法。

3. AHMT 法

碱性溶液中甲醛与 4- 氨基 -3- 肼氨 -5- 巯基三唑（AHMT）发生反应，经高碘酸钾氧化成红色化合物，半定量地快速检测液体样品中人为加入甲醛的含量。该方法的优点是抗干扰能力强，缺点是颜色随时间延长逐渐加深，要求标准比色卡显色标注时间和样品溶液的显示反应时间必须严格统一。

4. 三氯化铁法

在酸性条件下，甲醛与三氯化铁和盐酸苯肼反应后使溶液出现红色特征。

二、甲醛快速检测的适用范围

适用于用干制品水发的水产品（包括水发海参、水发鱿鱼、水发墨鱼、水发干贝、水发鱼翅、海蜇、鱼皮等）、水浸泡销售的解冻水产品（解冻虾仁、解冻银鱼等）以及浸泡销售的鲜水产品（鲜墨鱼仔、鲜小鱿鱼等）；其他类似水产品可参照执行。

此外还可应用于香菇、牛百叶、牛筋、牛肚、鸭肠、鸭血、鸭舌、鸭掌、鹅掌、猪蹄筋等水发产品或血制品中人为添加或由于工艺控制不良造成的甲醛残留。

可用于面粉、粉丝、竹笋等固体食品中加入甲醛合次硫酸氢钠（俗称吊白块、雕白粉）的筛选测定。这些食品中本底存在的微量甲醛很难在十几分钟内浸出，当检测出有甲醛存在时，可怀疑人为加入了吊白块，此时再快速检测样品中的二氧化硫，当超出规定值时，可判断样品中加入了吊白块。

三、甲醛快速检测的注意事项

1．以上四种方法中的任何一种都可作为甲醛定性测量的方法，必要时可几种方法同时使用。

2．使用的试剂注意是否必须现用现配。

3．可根据显色的程度与标准色卡进行比较，半定量判定食品中甲醛的参考含量，注意显色时间。

4．国家农业部《无公害食品　水产品中有毒有害物质限量》（NY 5073—2006）规定甲醛不得检出。

5．对于测定结果为阳性的样品应慎重处置，建议送样品至实验室或法定检测机构做精确定量。

【任务实施】

一、样品处理

样品：市售水发海参。

配图	实验步骤	操作说明
	直接将水发海参浸泡液或水发海参上残存的浸泡液滴加到检测管中	

注：对于鲜活水产品、干水产品取肌肉等可食部分进行测定，冷冻水产品经半解冻直接取样，不可用水清洗。将取得的样品用组织捣碎机捣碎，称取 10 g 置于三角瓶中，加入 20 mL 蒸馏水振荡数分钟，离心取上清液。或者将样品剪成小碎片，用天平称取样品 10 g，放至样品处理杯中，加入 20 mL 蒸馏水或纯净水，充分振摇 50 次以上，浸泡 10 ～ 15 min；吸取样品提取液上清液。

二、间苯三酚法

1. 检测准备工作

（1）仪器和设备：10 mL 纳氏比色管、烧杯、一次性吸管、试管架。

（2）试剂：1% 间苯三酚溶液。称取固体间苯三酚 1 g，溶于 100 mL 的 12% 氢氧化钠溶液中，现配现用。

2. 样品分析

<table>
<tr><th>配图</th><th>实验步骤</th><th>操作说明</th></tr>
<tr><td></td><td>（1）测定
1）取水发海参样品制备液 5 mL 置于 10 mL 纳氏比色管中</td><td rowspan="4">（1）该法操作时显色时间短，应在 2 min 内观察颜色的变化
（2）水发鱿鱼、水发虾仁等样品的制备液因带浅红色，不适合采用此法检测</td></tr>
<tr><td>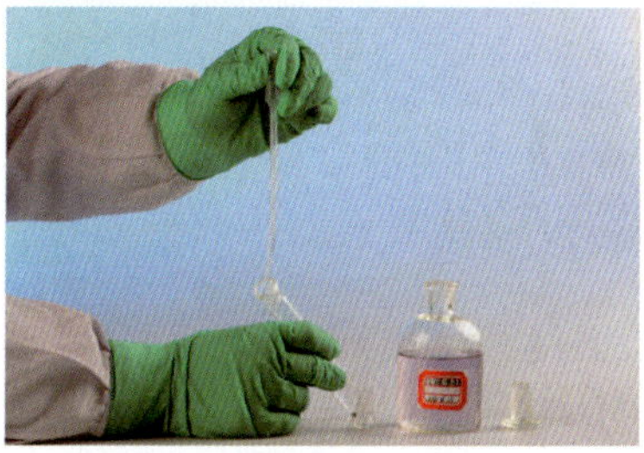</td><td>2）然后加入 1 mL 的 1% 间苯三酚溶液，2 min 内观察颜色变化</td></tr>
<tr><td>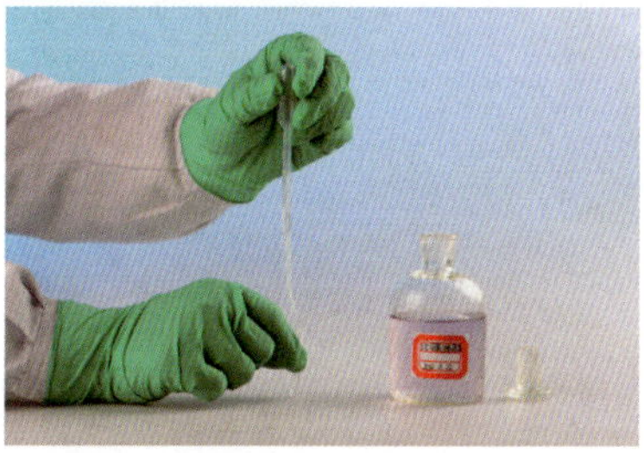</td><td>3）或者直接将水发水产品的浸泡液或水产品上残存的浸泡液滴加到检测管中，加入 2 滴间苯三酚试剂</td></tr>
<tr><td>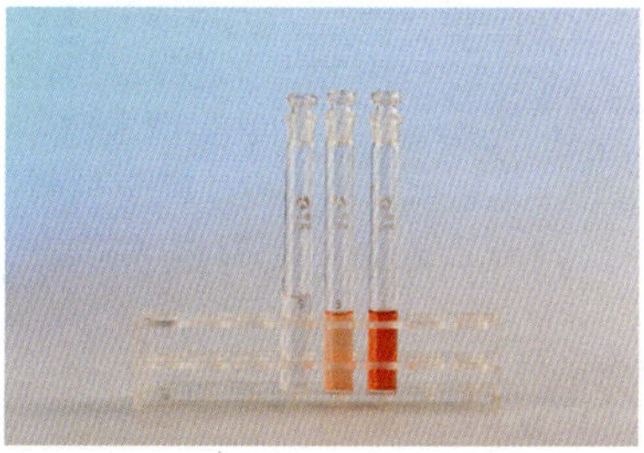</td><td>（2）结果判定
1）溶液若呈橙红色，则有甲醛存在，且甲醛含量较高；若呈浅红色，则含有甲醛，且甲醛含量较低；若无颜色变化，甲醛未检出
2）当甲醛含量为 10 mg/L 时，在试剂与样品接触的局部会出现橙红色，并很快褪色；含量为 40 mg/L 时，试剂与样品接触的局部颜色会较深，整体样品溶液都变为橙红色，显色的时间可达 30 min。甲醛含量越高，颜色越深，显色时间也较长。空白对照管为试剂本色或淡紫色</td></tr>
</table>

三、亚硝基亚铁氰化钠法

1. 检测准备工作

（1）仪器和设备：10 mL 纳氏比色管、烧杯、一次性吸管、试管架。

（2）试剂

1）4% 盐酸苯肼溶液：称取固体盐酸苯肼 4 g 溶于水中，稀释至 100 mL（现用现配）。

2）5% 亚硝基亚铁氰化钠溶液：称取固体亚硝基亚铁氰化钠 5 g 溶于水中，稀释至 100 mL（现用现配）。

3）10% 氢氧化钾溶液：称取固体氢氧化钾 10 g 溶于水中，稀释至 100 mL。

2. 样品分析

配图	实验步骤	操作说明
	（1）测定 1）取水发海参样品制备液 5 mL 于 10 mL 纳氏比色管中	该方法显色时间短，应在 5 min 内观察颜色变化
	2）加入 1 mL 4% 盐酸苯肼	
	3）加入 3 ～ 5 滴新配的 5% 亚硝基亚铁氰化钠溶液	

续表

配图	实验步骤	操作说明
	4）再加入 3 ~ 5 滴 10% 氢氧化钾溶液，5 min 内观察颜色变化	该方法显色时间短，应在 5 min 内观察颜色变化
	（2）结果判定。溶液若呈蓝色或灰蓝色，说明有甲醛，且甲醛含量较高；溶液若呈浅蓝色，说明有甲醛，且甲醛含量较低；溶液若呈淡黄色，甲醛未检出	

四、AHMT 法

1. 检测准备工作

（1）仪器和设备：烧杯、具塞离心管、一次性吸管。

（2）试剂

1）试剂 A：饱和氢氧化钾或 5 mol/L 氢氧化钾溶液。取 28 g 氢氧化钾溶于适量蒸馏水中，稍冷后，加蒸馏水至 100 mL。

2）试剂 B：5 g/L AHMT 盐酸溶液。取 0.5 g AHMT 溶于 100 mL 0.2 mol/L 盐酸溶液中，此溶液置于暗处或保存于棕色瓶中，可保存半年。

3）试剂 C：1.5% 高碘酸钾的氢氧化钾溶液。称取 1.5 g 高碘酸钾于 100 mL 0.2 mol/L 氢氧化钾溶液中，置于水浴上加热使其溶解，备用。

2. 样品分析

<table>
<tr><th>配图</th><th>实验步骤</th><th>操作说明</th></tr>
<tr><td></td><td>（1）测定
1）吸取水发海参样品提取液上清液 0.5 mL 于检测管中</td><td rowspan="5">待测样品中甲醛含量在 10 mg/kg 以下时建议采用 15 min 时间点的反应结果，并与“15 min 时间点色阶”比较，得出待测样品中甲醛含量</td></tr>
<tr><td>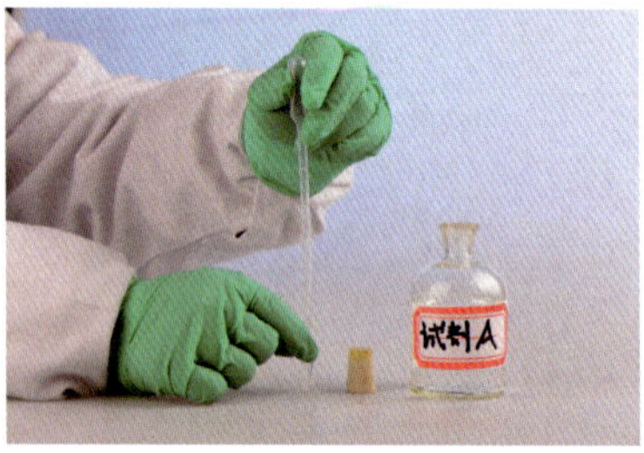
</td><td>2）加入 2 滴试剂 A 溶液</td></tr>
<tr><td>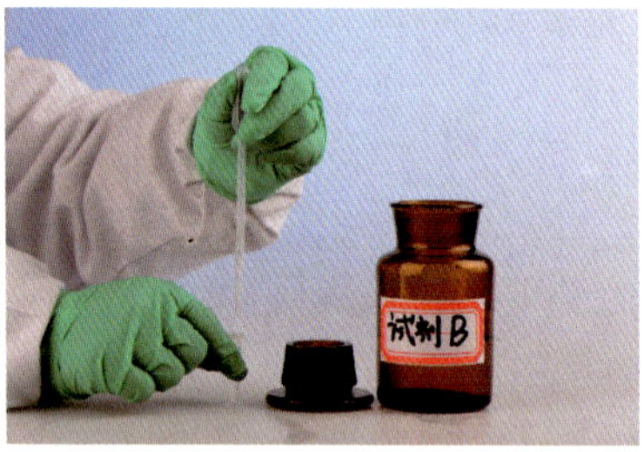
</td><td>3）加入 2 滴试剂 B 溶液，盖上盖子摇匀</td></tr>
<tr><td>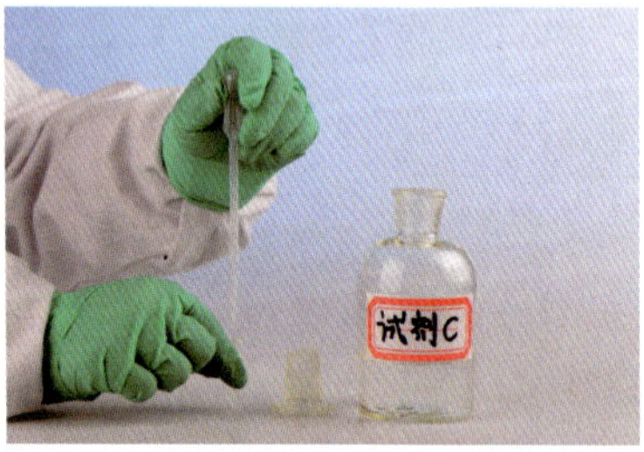
</td><td>4）1 ~ 2 min 后打开盖，向检测管中加入试剂 C 溶液 1 滴，盖上盖子摇匀，观察显色情况</td></tr>
<tr><td>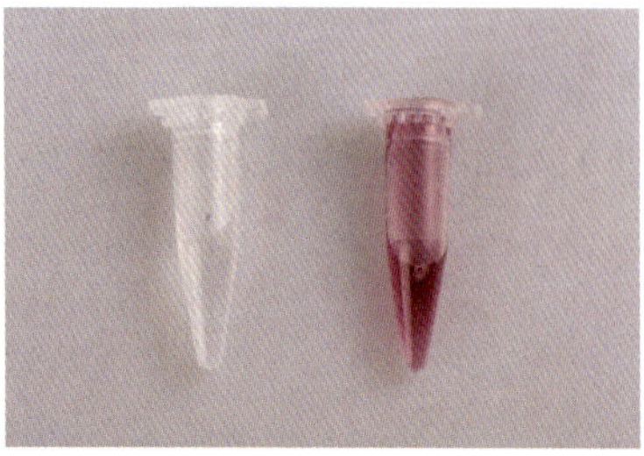</td><td>（2）结果判定。室温下静置 3 min，肉眼观察显色结果，并与“3 min 时间点色阶”比较，得出待测样品中甲醛含量</td></tr>
</table>

五、三氯化铁法

1. 检测准备工作

（1）仪器和设备：10 mL 纳氏比色管、烧杯、一次性吸管、试管架。

（2）试剂

1）4% 盐酸苯肼溶液。

2）5% 三氯化铁溶液：称取固体三氯化铁 5 g 溶于水中，稀释至 100 mL（现用现配）。

3）盐酸溶液（1 + 9）：量取盐酸 10 mL，加到 90 mL 的水中。

2. 样品分析

配图	实验步骤	操作说明
	（1）取水发海参样品制备液 5 mL 于 10 mL 纳氏比色管中	
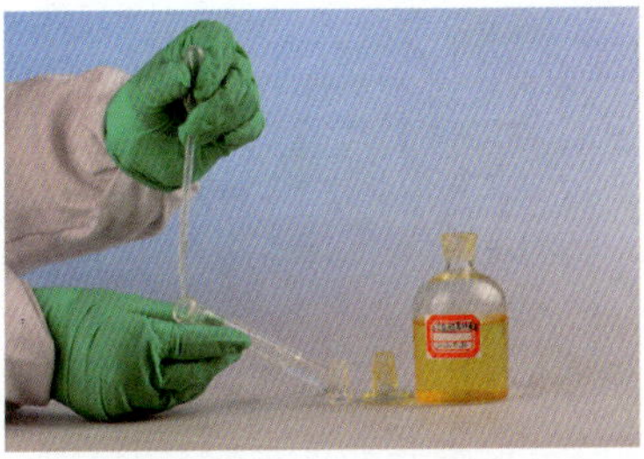	（2）加入新配的 4% 盐酸苯肼溶液 1 mL	
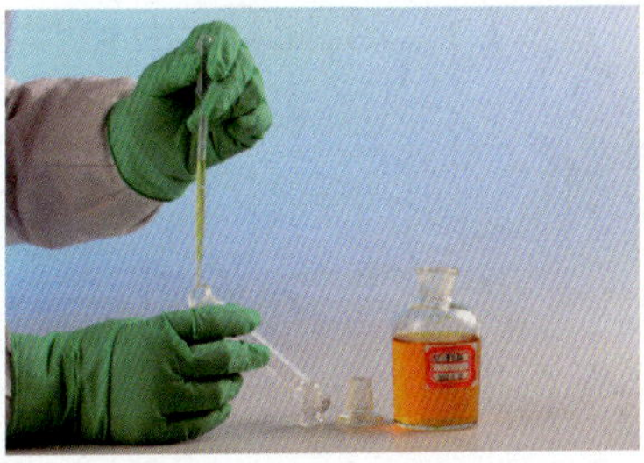	（3）加入 3 ~ 5 滴三氯化铁溶液	

续表

配图	实验步骤	操作说明
	（4）加入盐酸使呈酸性	
	（5）溶液如果呈红色，表示有甲醛	

【考核评价】

素质	内容 学习目标	评价项目	评价 自我评价30%	 小组评价30%	 教师评价40%
知识20分	应知应会	1. 甲醛快速检测的意义 2. 甲醛快速检测的相关方法 3. 甲醛快速检测的适用范围 4. 甲醛快速检测的注意事项			
专业能力50分	实验准备10分	1. 快速检测仪器设备准备充分 2. 组内分工明确			
	样品采集10分	1. 样品采集具有代表性、典型性、时效性和程序性 2. 正确选择并使用采样工具和容器 3. 正确选择采样技术			
	快速检测10分	1. 间苯三酚法测定甲醛正确 2. 亚硝基亚铁氰化钠法测定甲醛正确 3. AHMT 法测定甲醛正确 4. 三氯化铁法测定甲醛正确			

续表

素质	内容 学习目标	评价项目	评价		
			自我评价30%	小组评价30%	教师评价40%
专业能力50分	检测报告10分	1. 检测报告计量和计数单位正确 2. 检测结果的表述和评价正确 3. 处理意见正确 4. 检测报告填写规范			
	遵守安全、卫生要求10分	1. 正确执行安全技术操作规程 2. 实验过程保持现场整洁			
通用能力20分	语言能力5分	1. 准确阐述自己的观点 2. 专业术语表达准确			
	合作能力5分	1. 能与同学配合共同完成工作 2. 具有组织和协调能力			
	发现、分析和解决问题能力5分	1. 善于发现实验过程中的问题 2. 自主分析和解决实验中的问题			
	创新能力5分	1. 善于总结工作经验 2. 善于体验新的检测方法			
态度10分	工作态度	工作认真、细致			
合计					

【思考与练习】

1．能否用间苯三酚法测定水发鱿鱼中的甲醛？如果用活性炭吸附处理后，可以继续检测甲醛吗？为什么？

2．甲醛的快速检测方法较多，各有哪些优缺点？

3．应用间苯三酚法、亚硝基亚铁氰化钠法、AHMT法、三氯化铁法测定鱿鱼中甲醛的含量。

任务 3　粉肠中硼砂的快速检测

【学习目标】

1. 了解硼砂快速检测的意义和相关方法。
2. 掌握硼砂快速检测的适用范围。
3. 能在没有教师的指导下，查阅相关学习资料对食品中的硼砂进行感官检验。
4. 能在教师指导下，以小组协作方式利用姜黄试纸检验法对食品中硼砂含量进行快速检测。

【任务引入】

2011 年 7 月，北京市工商局查处了一批沙琪玛等糕点产品。这些沙琪玛在制作过程中加入有毒化工原料硼砂，虽然这会增加沙琪玛的蓬松度和色泽，但其对人体的肝肾和神经系统都有损害。

硼砂为白色或无色结晶性粉末。加入食品中起防腐、增加弹性和膨胀等作用。硼砂的成人中毒剂量为 1 ～ 3 g，成人致死量为 15 g。婴儿致死量为 2 ～ 3 g。硼砂和硼酸对肾脏有损害，我国明令禁止硼砂作为食品添加剂使用。但由于硼砂能改善许多食品尤其是肉制品的口感，许多违法加工的食品中大量使用了硼砂。许多小吃店的肉类制品中，硼砂的检出率和检出浓度均较高。民间常有将硼砂或硼酸掺入粮食中作为杀虫防腐剂使用的现象，也有不法分子将硼砂掺入肉丸、牛乳等。本任务将完成粉肠中硼砂的快速检测。

【任务分析】

现场快速检测食品中硼砂采用姜黄试纸法。

【相关知识】

一、姜黄试纸检验法的原理

有 $Na_2B_4O_7$ 或 H_3BO_3 存在，姜黄试纸变成特征的红色，用 $NH_3 \cdot H_2O$ 使之转变成暗蓝→绿色，加酸又可使之恢复到原来的颜色。

二、硼砂快速检测的适用范围

适用于牛乳、牛肉、牛肉丸、牛肉制品、虾类、粉肠、腐竹、鱼丸、油面、蒸饺、水饺肉馅、各式粽子、各式糕点及粮食等。

【任务实施】

一、检测准备工作

1. 仪器和设备

手持电子天平、研钵、药匙、称量瓶、量筒、pH 试纸比色卡、姜黄试纸比色卡。

2. 试剂

（1）10% 盐酸：量取盐酸 10 mL，加纯净水稀释至 100 mL。

（2）pH 试纸。

（3）姜黄试纸：取 25.0 g 姜黄溶于 500 mL 乙醇中形成饱和黄色溶液，滤去不溶性残渣，将滤纸浸湿后取出自然晾干，即制成黄色的姜黄试纸，剪成纸条备用。此试纸的稳定性差、易失效，使用时最好取新制备的试纸。

3. 样品

市售袋装粉肠。

二、样品分析

配图	实验步骤	操作说明
	（1）取约 10 g 粉肠样品于容器中	本方法选自《中国药典》。实验表明，按取样量 2 倍稀释后，最低检出浓度为 25 mg/kg。为慎重起见，可做阳性对照实验，待试纸晾干后，将阳性试纸端用 10% 的氨水湿润，随着硼含量的升高，变为绿黑色的程度越来越深

续表

配图	实验步骤	操作说明
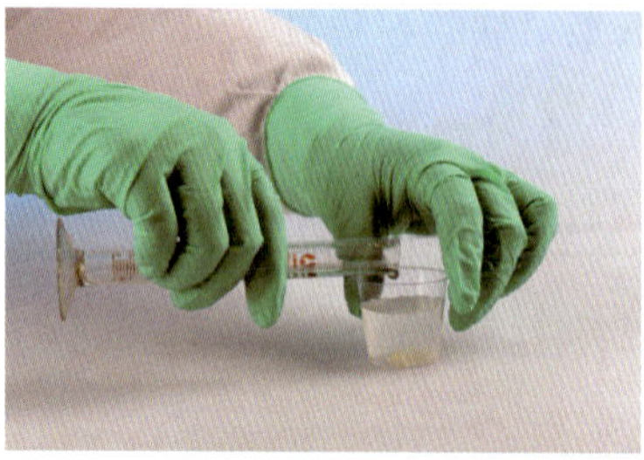	（2）加入 20 mL 纯净水，充分振荡混匀	
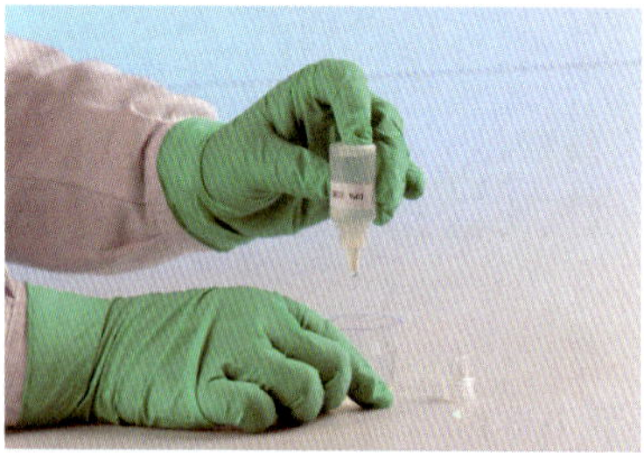	（3）滴加 10% 盐酸	
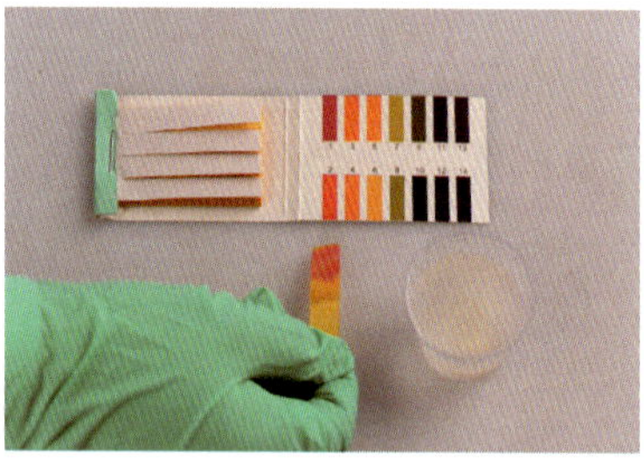	（4）使溶液 pH 到 3 以下，放置浸泡 2 min	本方法选自《中国药典》。实验表明，按取样量 2 倍稀释后，最低检出浓度为 25 mg/kg。为慎重起见，可做阳性对照实验，待试纸晾干后，将阳性试纸端用 10% 的氨水湿润，随着硼含量的升高，变为绿黑色的程度越来越深
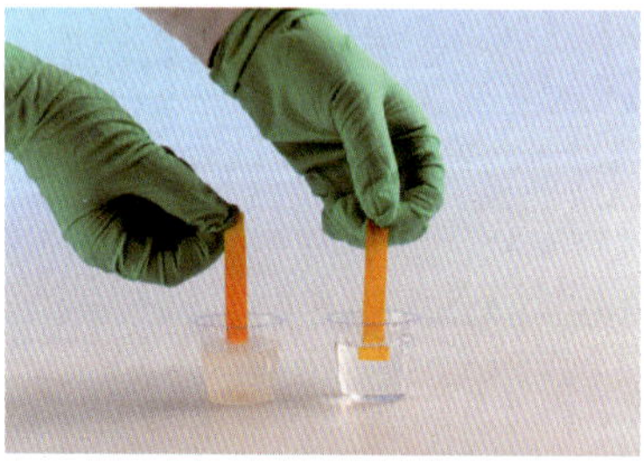	（5）用试纸一端蘸取样品上清液，同时做一份空白实验（用另一片试纸蘸取纯净水）	
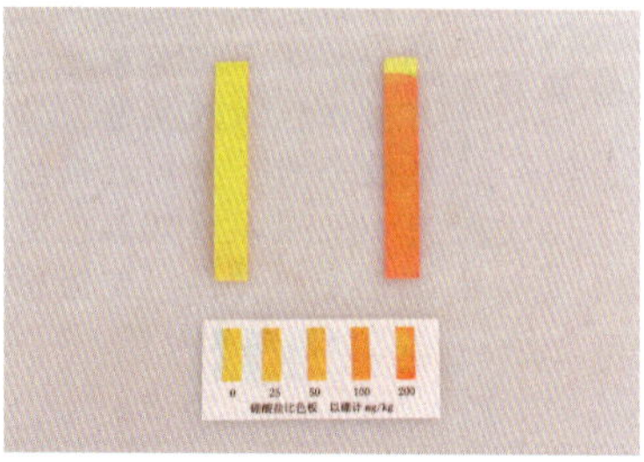	（6）注意用电吹风吹干或等待试纸晾干后与比色板比对，读数乘以稀释倍数 2，得出样品中硼酸盐（以硼计）的大概含量范围（mg/kg）	

【考核评价】

素质	内容 学习目标	评价项目	评价：自我评价30%	评价：小组评价30%	评价：教师评价40%
知识 20分	应知应会	1. 硼砂快速检测的意义 2. 硼砂快速检测的相关方法 3. 硼砂快速检测的适用范围			
专业能力 50分	实验准备 10分	1. 快速检测仪器设备准备充分 2. 组内分工明确			
	样品采集 10分	1. 样品采集具有代表性、典型性、时效性和程序性 2. 正确选择并使用采样工具和容器 3. 正确选择采样技术			
	快速检测 10分	1. 感官检验正确 2. 姜黄试纸检测正确 3. 结果判定准确			
	检测报告 10分	1. 检测报告计量和计数单位正确 2. 检测结果的表述和评价正确 3. 处理意见正确 4. 检测报告填写规范			
	遵守安全、卫生要求 10分	1. 正确执行安全技术操作规程 2. 实验过程保持现场整洁			
通用能力 20分	语言能力 5分	1. 准确阐述自己的观点 2. 专业术语表达准确			
	合作能力 5分	1. 能与同学配合共同完成工作 2. 具有组织和协调能力			
	发现、分析和解决问题能力 5分	1. 善于发现实验过程中的问题 2. 自主分析和解决实验中的问题			
	创新能力 5分	1. 善于总结工作经验 2. 善于体验新的检测方法			
态度 10分	工作态度	工作认真、细致			
合计					

【思考与练习】

1．硼砂在食品中有哪些作用？对人体有什么危害？

2．如何对食品中的硼砂进行定性和定量检验？

3．应用感官检验法快速检测粮食中是否含有硼砂。

提示：凡加入硼砂的粮食，用手摸有滑爽感觉，并能闻到轻微的碱性味。

任务 4　辣椒粉中苏丹红的快速检测

【学习目标】

1. 了解苏丹红快速检测的意义和相关方法。

2. 掌握苏丹红快速检测的适用范围。

3. 能在教师指导下，以小组协作方式利用快速纸色谱测定法对食品中苏丹红含量进行快速检测。

【任务引入】

2005 年，国内许多食品被发现含有苏丹红成分，包括著名快餐企业肯德基的“新奥尔良烤翅”“香辣鸡腿堡”“劲爆鸡米花”等产品，据不完全统计，因为苏丹红事件，肯德基全国 1 200 家门店在四天时间内至少损失 2 600 万元。

苏丹红是一种人工合成的红色染料，常作为一种工业染料被广泛用于溶剂、油、蜡、汽油的增色以及鞋、地板等增光。毒理学研究表明，苏丹红具有致突变性和致癌性，苏丹红Ⅰ号在人类肝细胞研究中显现可能致癌的特性，在我国被禁止使用于食品中。由于这种被当成食用色素的染色剂只会缓慢影响食用者的健康，并不会快速致病，因此隐蔽性很强。之所以将作为化工原料的苏丹红添加到食品中，尤其是用于辣椒产品的加工中，一是由于苏丹红用后不容易褪色，这样可以弥补辣椒放置久后变色的现象，以保持辣椒鲜亮的色泽；二是一些企业将玉米等植物粉末用苏丹红染色后，混在辣椒粉中，以降低成本牟取利益。本任务将完成辣椒粉中苏丹红的快速检测。

【任务分析】

现场快速检测食品中的苏丹红可采用快速纸色谱测定法。

【相关知识】

一、苏丹红

苏丹红，又名“苏丹”，为黄色粉末，亲脂性偶氮化合物，主要包括Ⅰ号、Ⅱ号、Ⅲ号和Ⅳ号四种类型。其不溶于水，微溶于乙醇，易溶于油脂、矿物油、丙酮和苯。乙醇溶液呈紫红色，在浓硫酸中呈品红色，稀释后有橙色沉淀的。

二、快速纸色谱测定法的原理

根据苏丹红等油溶性非食用色素的化学极性不同，通过展开剂（提取分离时，用来分离极性不同的两种物质的溶剂）在试纸上的展开距离不同来确定组分的存在。

三、苏丹红快速检测的适用范围

适用于鸡蛋、鸭蛋、咸鸭蛋（蛋黄）、辣椒粉、辣椒酱、番茄酱等食品中苏丹红（Ⅰ号、Ⅱ号、Ⅲ号和Ⅳ号）等油溶性非食用色素的现场快速检测。

【任务实施】

一、检测准备工作

1. 仪器和设备

手持电子天平、10 mL 纳氏比色管、药匙、烧杯、量筒、一次性吸管、毛细管、滤纸、铅笔、尺子。

2. 试剂

（1）提取剂：乙酸乙酯。

（2）展开剂配制：正丁醇 – 无水乙醇 – 氨水 =20∶1∶1。

（3）苏丹红Ⅰ号、Ⅱ号、Ⅲ号、Ⅳ号对照液。

3. 样品

市售袋装辣椒粉。

二、样品分析

<table>
<tr><th>配图</th><th>实验步骤</th><th>操作说明</th></tr>
<tr><td>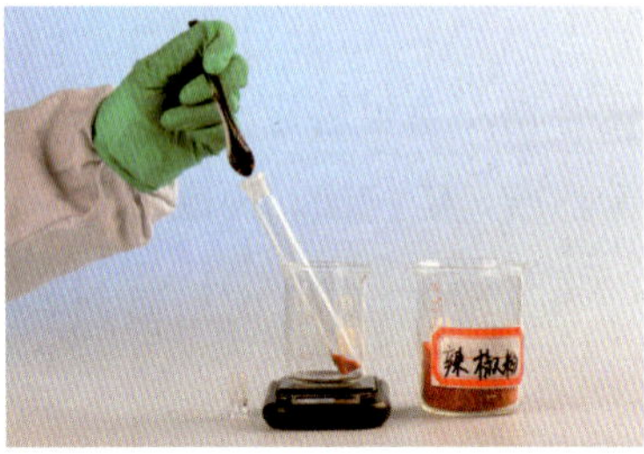</td><td>（1）样品处理
1）取约 1 g 辣椒粉样品置于 10 mL 纳氏比色管中</td><td rowspan="5">（1）本方法检出限为点样量 10 μL，0.08 μg 目视可见；最低检出浓度 8 μg/mL。精确定量需要采用高效液相色谱仪
（2）检测的样品数量较多时，不必每张滤纸上都点对照液，可一次点几个样品，在展开过程中出现斑点后，再做加入对照液实验
（3）苏丹红对照液的点样量不要太多，以能够展现斑点而无拖尾现象为宜
（4）展开剂的使用应适量，液面高度应控制在斑点以下，展开过程中滤纸不能倾倒，每展开一张滤纸最好更换一次展开剂
（5）样品展开时，烧杯上不要加盖，以便于斑点的展开。当环境温度较低，斑点展开的距离较短，或环境温度较高，展开剂展开到滤纸一半距离不再往上展时，应重新操作并在烧杯中加盖物品
（6）如果对照物展开后全部堆积到展开前沿处或处未移动，说明试剂或操作有问题，应查明原因重新操作</td></tr>
<tr><td>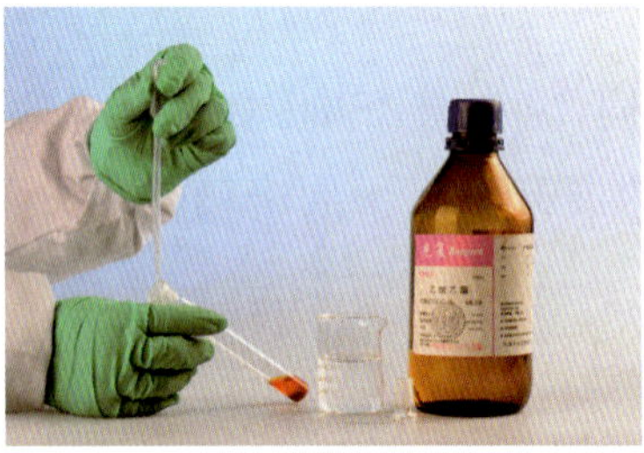</td><td>2）加入 2 ~ 4 mL 乙酸乙酯，充分混匀，振摇提取 1 min，静置 3 min 以上</td></tr>
<tr><td></td><td>（2）样品点样
1）取一张滤纸，在端底向上约 1 cm 处，平行相隔约 1 cm 用铅笔画出将要点样的十字线或 5 个小点</td></tr>
<tr><td>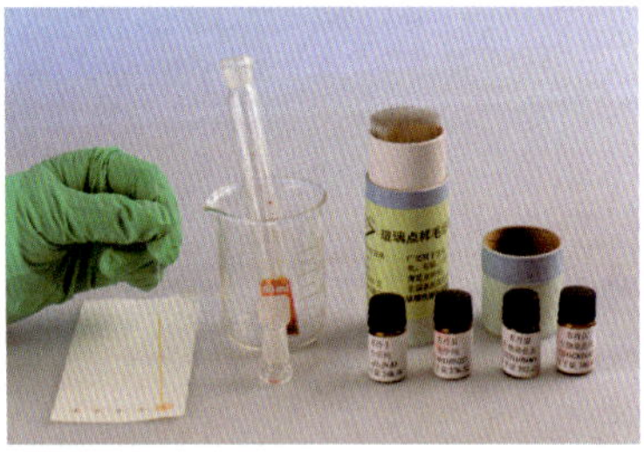</td><td>2）分别用毛细管蘸取对照液和样品液点出 5 个直径为 0.5 cm 左右的圆点，对应于苏丹红Ⅰ号、Ⅱ号、Ⅲ号、Ⅳ号和样品提取液</td></tr>
<tr><td>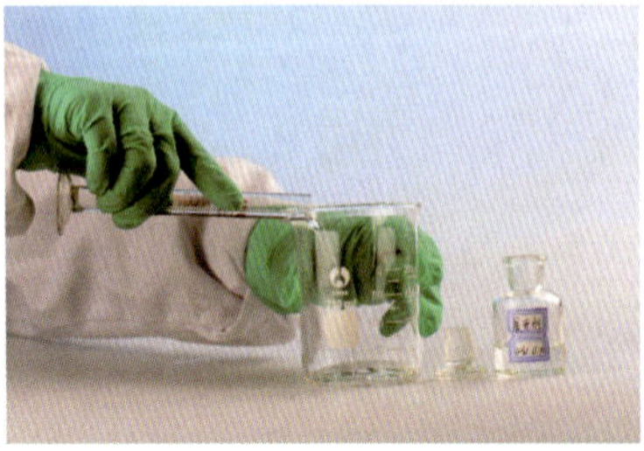</td><td>（3）样品展开
1）取一个 250 mL 以上的烧杯，加入 5 ~ 10 mL 展开剂</td></tr>
</table>

续表

配图	实验步骤	操作说明
	2）将滤纸（样品端朝下）插入展开剂中靠在杯壁上，待展开剂沿滤纸向上平行展开至滤纸顶端约 1 cm 处时取出滤纸，观察结果	（1）本方法检出限为点样量 10 μL，0.08 μg 目视可见；最低检出浓度 8 μg/mL。精确定量需要采用高效液相色谱仪 （2）检测的样品数量较多时，不必每张滤纸上都点对照液，可一次点几个样品，在展开过程中出现斑点后，再做加入对照液实验 （3）苏丹红对照液的点样量不要太多，以能够展现斑点而无拖尾现象为宜 （4）展开剂的使用应适量，液面高度应控制在斑点以下，展开过程中滤纸不能倾倒，每展开一张滤纸最好更换一次展开剂 （5）样品展开时，烧杯上不要加盖，以便于斑点的展开。当环境温度较低，斑点展开的距离较短，或环境温度较高，展开剂展开到滤纸一半距离不再往上展时，应重新操作并在烧杯中加盖物品 （6）如果对照物展开后全部堆积到展开前沿处或处未移动，说明试剂或操作有问题，应查明原因重新操作
（4）结果判定 1）如果样品提取液为无色，或显红色或橙红色以外的其他颜色，可以排除被检样品含苏丹红 2）如果样品在展开轨迹中出现斑点，其斑点展开（向上跑）的距离与某一对照液展开后的斑点距离相等、颜色相同或颜色虽浅却相近时，即可判断样品中含有这一色素 3）我国允许使用的色素除天然色素外没有油溶性色素，天然色素的化学极性往往很小，样品中即使含有天然色素，展开后的色斑会在前沿之处出现淡色斑点或淡色条带 4）如果对照物已经展开，而样品色斑在原处未动或展开的距离很小，表明这一色素为水溶性色素，可用水溶性色素检测试剂来判断其属食用的还是非食用的		

【考核评价】

素质	内容	评价项目	评价		
	学习目标		自我评价 30%	小组评价 30%	教师评价 40%
知识 20 分	应知应会	1. 苏丹红快速检测的意义 2. 苏丹红快速检测的相关方法 3. 苏丹红快速检测的适用范围			

续表

素质	内容 学习目标	评价项目	评价 自我评价30%	 小组评价30%	 教师评价40%
专业能力50分	实验准备 10分	1. 快速检测仪器设备准备充分 2. 组内分工明确			
	样品采集 10分	1. 样品采集具有代表性、典型性、时效性和程序性 2. 正确选择并使用采样工具和容器 3. 正确选择采样技术			
	快速检测 10分	1. 样品处理正确 2. 样品点样正确 3. 样品展开正确 4. 结果判定准确			
	检测报告 10分	1. 检测报告计量和计数单位正确 2. 检测结果的表述和评价正确 3. 处理意见正确 4. 检测报告填写规范			
	遵守安全、卫生要求 10分	1. 正确执行安全技术操作规程 2. 实验过程保持现场整洁			
通用能力20分	语言能力 5分	1. 准确阐述自己的观点 2. 专业术语表达准确			
	合作能力 5分	1. 能与同学配合共同完成工作 2. 具有组织和协调能力			
	发现、分析和解决问题能力 5分	1. 善于发现实验过程中的问题 2. 自主分析和解决实验中的问题			
	创新能力 5分	1. 善于总结工作经验 2. 善于体验新的检测方法			
态度10分	工作态度	工作认真、细致			
合计					

【思考与练习】

1．苏丹红对人体的危害有哪些？

2．精确测定苏丹红的方法有哪些？依据的原理是什么？

3．根据操作过程和实验结果总结注意事项。

4．应用快速纸色谱测定法测定咸鸭蛋黄中苏丹红的含量。

任务 5　牛奶中三聚氰胺的快速检测

【学习目标】

1. 了解三聚氰胺快速检测的意义和相关方法。
2. 掌握三聚氰胺快速检测的适用范围。
3. 能在教师指导下，以小组协作方式利用胶体金免疫色谱竞争法对食品中三聚氰胺含量进行快速检测。
4. 能在没有教师指导下，查阅相关学习资料对家庭乳粉溶解度进行简易测试。

【任务引入】

2008 年中国奶制品污染事件是一起震惊全国的食品安全事件。事件起因是很多食用三鹿集团生产的奶粉的婴儿被发现患有肾结石，随后在三鹿奶粉中发现化工原料三聚氰胺。国家质检总局公布对国内乳制品厂家生产的婴幼儿奶粉的三聚氰胺检验报告后，事件迅速恶化，包括伊利、蒙牛、光明、圣元及雅士利在内的多个厂家的奶粉都检出三聚氰胺。该事件重创了中国制造商品信誉，多个国家禁止了中国乳制品进口。

三聚氰胺既不是食品原料，也不是食品添加剂，禁止人为添加到任何食品中。目前，三聚氰胺被认为有轻微毒性，动物长期摄入三聚氰胺会造成生殖、泌尿系统的损害，膀胱、肾部结石，并可进一步诱发膀胱癌。三聚氰胺进入人体后，发生取代反应（水解），生成三聚氰酸，三聚氰酸和三聚氰胺形成大的网状结构，造成结石。服用含有三聚氰胺的牛乳或乳粉等乳制品，可造成婴幼儿肾结石和肾功能衰竭。由于估测食品和饲料工业蛋白质含量方法的缺陷，三聚氰胺也常被不法商人掺杂进食品或饲料中，以提升食品或饲料检测中的蛋白质含量指标，因此三聚氰胺也被作假的人称为“蛋白精”。本任务将完成牛奶中三聚氰胺的快速检测。

【任务分析】

现场快速检测食品中三聚氰胺可采用胶体金免疫色谱竞争法（速测卡法）。

【相关知识】

一、三聚氰胺概述

三聚氰胺（Melamine），简称三胺，俗称蜜胺、蛋白精，又叫 2，4，6- 三氨基 -1，3，5-

三嗪等，是一种三嗪类含氮杂环有机化合物，重要的氮杂环有机化工原料，如用于生产三聚氰胺甲醛树脂的原料。三聚氰胺还可以作阻燃剂、减水剂、甲醛清洁剂等，广泛运用于木材、塑料、造纸、纺织、皮革、电气、医药等行业。

三聚氰胺为纯白色单斜棱晶体，无味，在水中溶解度随温度升高而增大，即微溶于冷水，溶于热水，极微溶于热乙醇，不溶于醚、苯和四氯化碳，可溶于甲醇、甲醛、乙酸、热乙二醇、甘油、吡啶等。

二、胶体金免疫色谱竞争法（速测卡法）的原理

将检测液加入速测卡加样孔，检测液中的三聚氰胺与金标垫上的金标抗体结合形成复合物，若三聚氰胺在检测液中浓度低于 1 000 mg/mL，未结合的金标抗体流到 T 区时，被固定在膜上的三聚氰胺-牛血清白蛋白（BSA）偶联物结合，逐渐凝集成一条可见的 T 线。

若三聚氰胺浓度高于 1 000 mg/mL，金标抗体全部形成复合物，不会再与 T 线处三聚氰胺 BSA 偶联物结合形成可见 T 线。

未固定的复合物流过 T 区被 C 区的二抗捕获并形成可见的 C 线。C 线出现则表明免疫色谱发生，即试纸有效，检测灵敏度可根据客户需要设置为 1 mg/L、3 mg/L 等。

三、三聚氰胺快速检测的适用范围

适用于原料乳、纯乳、纯乳粉、纯酸奶以及饲料（植物性副产品饲料，如大豆蛋白质、米蛋白质浓缩物、粉碎玉米干燥后的外皮纤维、麦麸、马铃薯蛋白质等）中三聚氰胺的现场快速筛查。

【任务实施】

一、检测准备工作

1. 仪器和设备

烧杯、三聚氰胺速测卡、一次性吸管。

2. 试剂

100×10^{-6} 三聚氰胺对照液。

3. 样品

市售袋装牛奶。

二、样品分析

配图	实验步骤	操作说明
	（1）样品处理。预包装市售鲜牛奶不需要处理，可直接作为待测液	（1）速测卡启封后1 h内使用 （2）速测卡为一次性产品，勿重复使用；可疑及阳性结果请用其他方法进一步确认 （3）勿用自来水、纯净水或蒸馏水作为阴性对照，最好使用明确阴性的样本作为对照
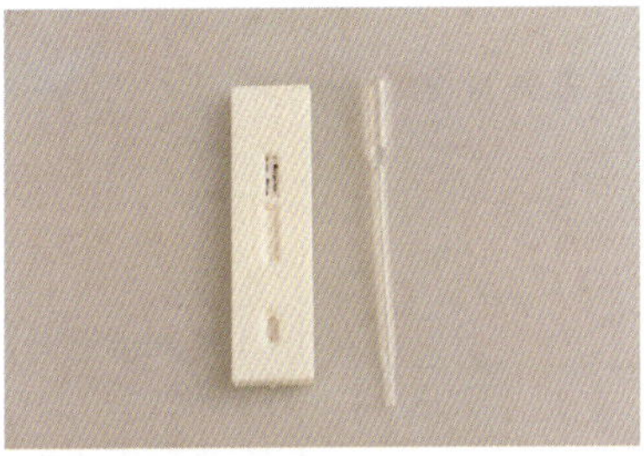	（2）测试步骤 1）取出速测卡于平台上	
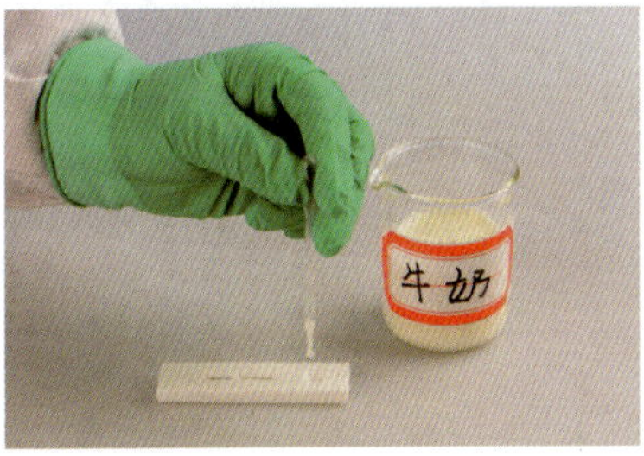	2）用吸管吸取3～4滴牛奶待测液于加样孔中，5～10 min内判断结果。如果环境温度低于20℃，可以延长10 min判断结果	
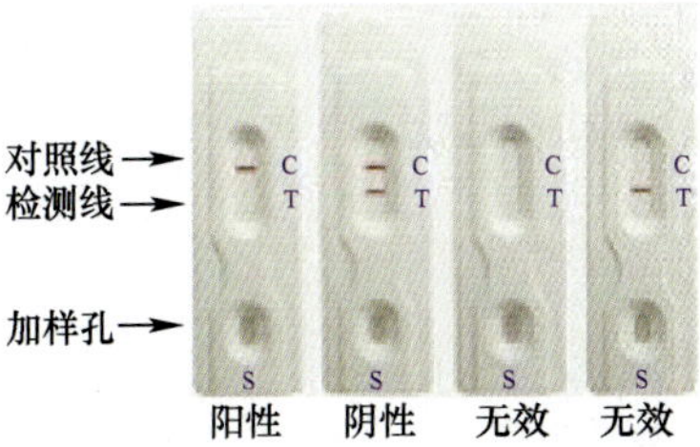	（3）结果判定 1）阳性：C线显色，T线不显色 2）阴性：C线显色，T线肉眼可见，无论颜色深浅均判为阴性 3）无效：C线不显色，无论T线是否显色，该试纸已失效 4）如果预包装市售鲜牛奶检测结果为阳性，说明样品中三聚氰胺含量大于0.2 mg/L，此时可取1 mL样品加入11.5 mL纯净水，摇匀后再进行点样测定，如果结果仍为阳性，此样品中三聚氰胺的含量即已超出国家标准规定值2.5 mg/L	

续表

配图	实验步骤	操作说明
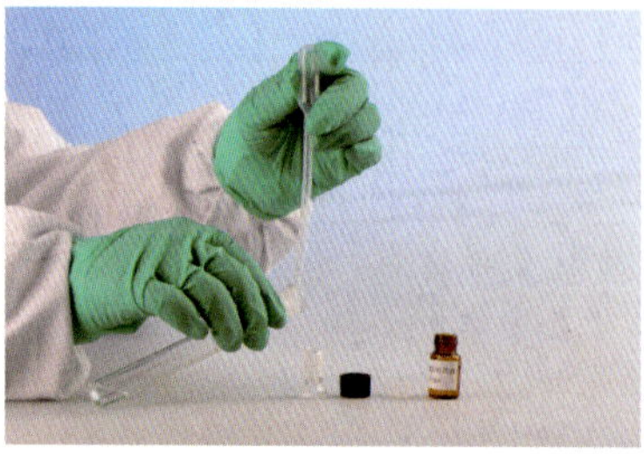	（4）阳性对照实验 1）取 100×10^{-6} 三聚氰胺对照液 1.0 mL	
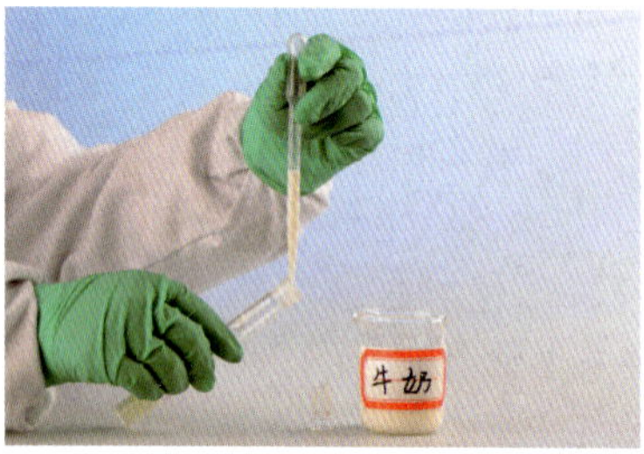	2）用已知不含三聚氰胺成分的牛乳稀释至 10.0 mL	
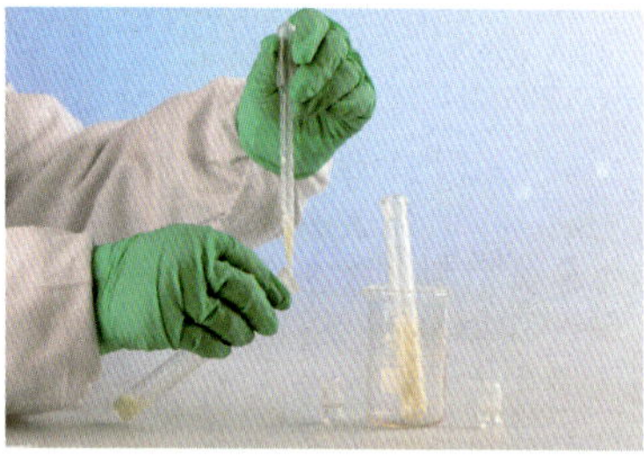	3）从中取出 1.0 mL	（1）速测卡启封后 1 h 内使用 （2）速测卡为一次性产品，勿重复使用；可疑及阳性结果请用其他方法进一步确认 （3）勿用自来水、纯净水或蒸馏水作为阴性对照，最好使用明确阴性的样本作为对照
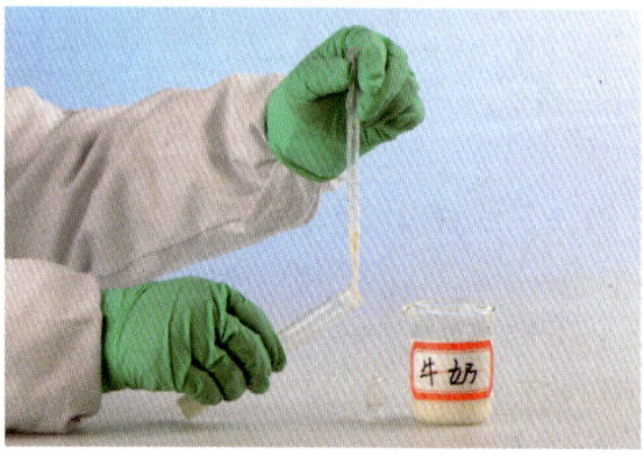	4）再用牛乳稀释至 10.0 mL 得到 1 mg/L 的三聚氰胺对照样，混匀	
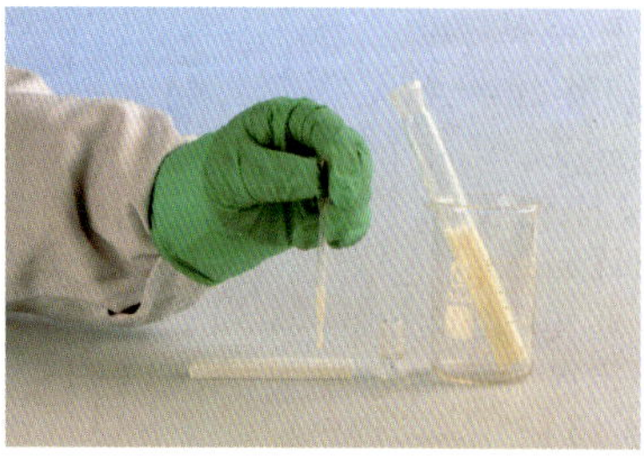	5）取 3 滴于速测卡加样孔中	

续表

配图	实验步骤	操作说明
	6）5 ~ 10 min 内观察应为阳性结果。未加三聚氰胺对照样的样品应为阴性结果	

【考核评价】

素质	内容 学习目标	评价项目	评价		
			自我评价 30%	小组评价 30%	教师评价 40%
知识 20 分	应知应会	1. 三聚氰胺快速检测的意义 2. 三聚氰胺快速检测的相关方法 3. 三聚氰胺快速检测的适用范围			
专业能力 50 分	实验准备 10 分	1. 快速检测仪器设备准备充分 2. 组内分工明确			
	样品采集 10 分	1. 样品采集具有代表性、典型性、时效性和程序性 2. 正确选择并使用采样工具和容器 3. 正确选择采样技术			
	快速检测 10 分	1. 胶体金免疫色谱竞争法（速测卡法）测定三聚氰胺正确 2. 家庭乳粉溶解度简易测试正确			
	检测报告 10 分	1. 检测报告计量和计数单位正确 2. 检测结果的表述和评价正确 3. 处理意见正确 4. 检测报告填写规范			
	遵守安全、卫生要求 10 分	1. 正确执行安全技术操作规程 2. 实验过程保持现场整洁			

续表

素质	内容 / 学习目标	评价项目	评价 自我评价 30%	小组评价 30%	教师评价 40%
通用能力 20分	语言能力 5分	1. 准确阐述自己的观点 2. 专业术语表达准确			
	合作能力 5分	1. 能与同学配合共同完成工作 2. 具有组织和协调能力			
	发现、分析和解决问题能力 5分	1. 善于发现实验过程中的问题 2. 自主分析和解决实验中的问题			
	创新能力 5分	1. 善于总结工作经验 2. 善于体验新的检测方法			
态度 10分	工作态度	工作认真、细致			
合计					

【思考与练习】

1. 免疫胶体金快速检测卡的载体是什么？液体流动的动力来源是什么？

2. 免疫胶体金快速检测卡上加样孔、测试区、质控区中各自成分和作用分别是什么？

3. 应用胶体金免疫色谱竞争法（速测卡法）测定原料奶、乳粉和饲料中三聚氰胺的含量。

提示：

（1）样品处理

1）原料奶：取 2 mL 用纯净水稀释到 10 mL，混匀，作为待测液。

2）乳粉或饲料：取 1 g 样品于试管中，加入 5 mL 纯净水，将试管放入一杯开水中，摇动使样品溶解，离心使其分层，取上清液为待测液。

（2）结果解释

1）如果原料奶检测结果为阳性，由于是样品 5 倍稀释后检测，说明样品中三聚氰胺含量大于 1.0 mg/L，此时可取 1 mL 样品加入 11.5 mL 纯净水，摇匀后再进行点样测定，如果结果仍为阳性，此样品中三聚氰胺的含量即已超出国家标准规定值 2.5 mg/L。

2）如果乳粉是婴幼儿配方乳粉，结果为阳性，此样品中三聚氰胺的含量即已超出国家标准规定值 1.0 mg/L。

3）如果是普通乳粉样品结果为阳性，再取待测液 1 mL，加入 1.5 mL 纯净水稀释，摇匀后再行点样测定，如果结果仍为阳性，此样品中三聚氰胺的含量即已超出国家标准规定值 2.5 mg/kg。

任务 6　面粉中过氧化苯甲酰的快速检测

【学习目标】

1. 了解过氧化苯甲酰快速检测的意义和相关方法。
2. 掌握过氧化苯甲酰快速检测的适用范围。
3. 能在教师指导下，以小组协作方式利用速测卡法对面粉及其制品中过氧化苯甲酰含量进行快速检测。
4. 能在没有教师指导下，查阅相关学习资料利用精密定量法对面粉及其制品中过氧化苯甲酰含量进行快速检测。

【任务引入】

2011 年 2 月，卫生部等 6 部门发布公告，确定食品添加剂过氧化苯甲酰、过氧化钙已无技术上的必要性，并从 2011 年 5 月 1 日起，禁止在面粉生产中添加过氧化苯甲酰、过氧化钙，食品添加剂生产企业不得生产、销售食品添加剂过氧化苯甲酰、过氧化钙；有关面粉（小麦粉）中允许添加过氧化苯甲酰、过氧化钙的食品标准内容自行废止。

过氧化苯甲酰作为面粉增白剂曾被普遍使用。过氧化苯甲酰可以氧化小麦粉中的叶黄素，适量添加可以改善小麦粉的色泽，抑制微生物滋生，加强面粉弹性，提高面制品的品质，但超量使用就会严重影响人体健康，有的甚至会引发疾病。过量添加过氧化苯甲酰不仅会破坏小麦粉中的营养成分，严重的是，由于过氧化苯甲酰的分解产物为苯甲酸，而苯甲酸的分解过程在肝脏内进行，所以长期过量食用对肝脏功能会有严重的损害。本任务将完成面粉中过氧化苯甲酰的快速检测。

【任务分析】

现场快速检测有两种方法：速测卡法和精密定量法。

【相关知识】

一、过氧化苯甲酰快速检测的原理

丙酮溶液中，碘化钾和过氧化苯甲酰反应游离出碘单质，再与面粉中淀粉反应呈蓝色，面粉中过氧化苯甲酰的含量越高，溶液的颜色就越深，将实验结果跟色卡对比，即可判断面粉中过氧化苯甲酰的大致含量。

精密测定可用标准硫代硫酸钠溶液滴定。

二、过氧化苯甲酰快速检测的适用范围

广泛用于检测小麦粉、各类面粉及其制品中过氧化苯甲酰的残留量。

检测下限：0.03 g/kg。

【任务实施】

一、速测卡法

1. 检测准备工作

（1）仪器和设备：手持电子天平、药匙、烧杯、10 mL 纳氏比色管、一次性吸管、过氧化苯甲酰速测卡、对照卡、镊子。

（2）试剂：无水乙醇。

（3）样品：市售袋装面粉。

2. 样品分析

配图	实验步骤	操作说明
	（1）取 1 g 面粉于 10 mL 纳氏比色管中	用本方法检测的样品为阳性结果，在实验室检测为阴性结果时，应考虑该样品可能加入了不允许加入的过氧化钙等漂白物质

续表

配图	实验步骤	操作说明
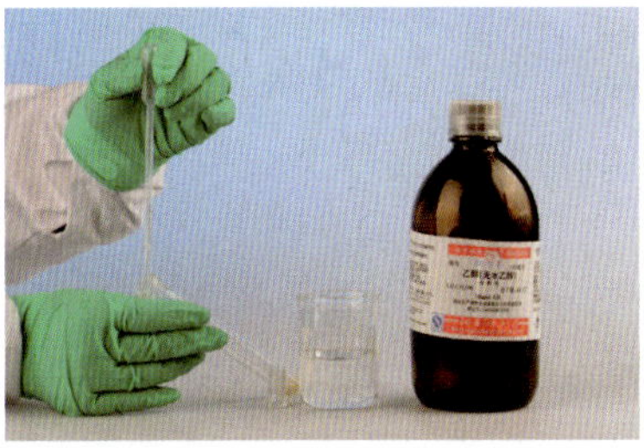	（2）加入 3 mL 无水乙醇，盖塞后剧烈振荡 3 min 以上，静置大约 10 min	
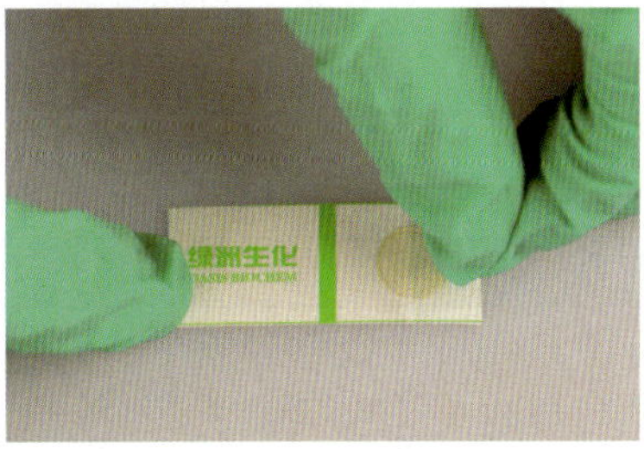	（3）取一片速测卡，揭去卡片上的保护膜	
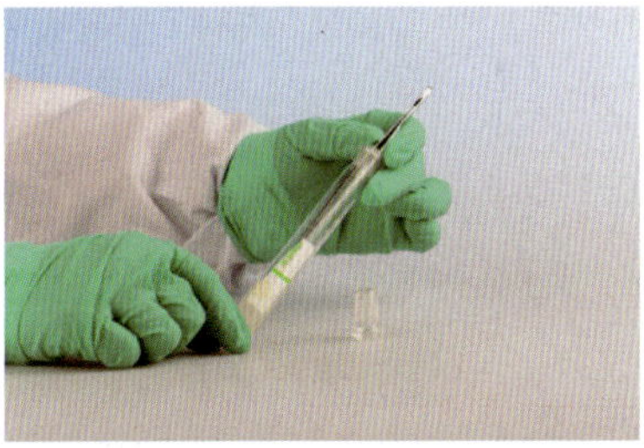	（4）将圆形试纸端插入样液中浸湿后取出	用本方法检测的样品为阳性结果，在实验室检测为阴性结果时，应考虑该样品可能加入了不允许加入的过氧化钙等漂白物质
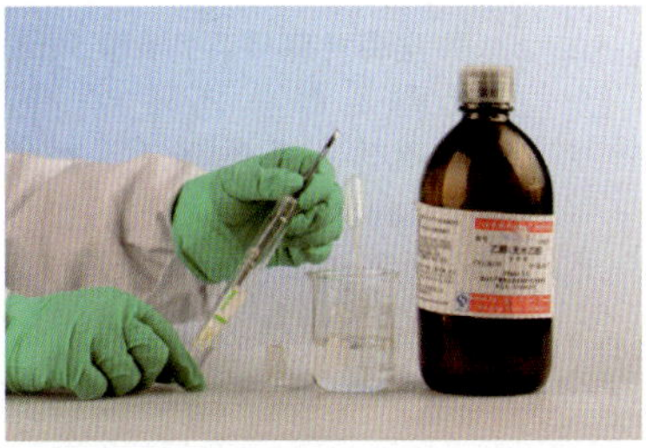	（5）另取一片速测卡，蘸取无水乙醇作为对照	
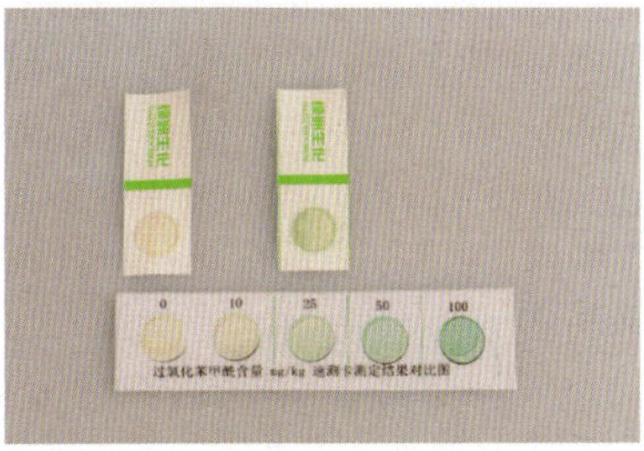	（6）约 5 min 待试纸晾干后，将两片速测卡比对。样品测试卡与对照卡相比，如果样品测试卡出现蓝色即为阳性结果。如需定量，可与比色板比对，找出与比色板上相同或相近的色阶，色阶上标示的含量乘以 3，即为样品中过氧化苯甲酰的大概含量（mg/kg）。精确数据以实验室检测结果为准	

二、精密定量法

1. 检测准备工作

（1）仪器和设备：分析天平、碘量瓶、烧杯、药匙、量筒、一次性吸管、滴定管、铁架台。

（2）试剂

1）丙酮。

2）500 g/L 碘化钾溶液或 50% 碘化钾溶液。

3）0.05 mol/L 硫代硫酸钠溶液。

（3）样品：市售袋装面粉。

2. 样品分析

配图	实验步骤	操作说明
	（1）称取面粉试样约 250 mg 放入 100 mL 的碘量瓶中	空白对照样品：取 0.5 mL 无水乙醇替代样品，同样操作；每消耗 1 mL 的 0.05 mol/L 硫代硫酸钠相当于过氧化苯甲酰 12.11 mg
	（2）加入丙酮 15 mL 使之溶解	
	（3）加 500 g/L 碘化钾（或 50% 碘化钾）溶液 3 mL	
	（4）振摇 1 min 后，立即用 0.05 mol/L 硫代硫酸钠溶液滴定（不添加淀粉指示剂）	

【评价考核】

素质	内容 学习目标	评价项目	评价 自我评价30%	 小组评价30%	 教师评价40%
知识20分	应知应会	1. 过氧化苯甲酰快速检测的意义 2. 过氧化苯甲酰快速检测的相关方法 3. 过氧化苯甲酰快速检测的适用范围			
专业能力50分	实验准备10分	1. 快速检测仪器设备准备充分 2. 组内分工明确			
	样品采集10分	1. 样品采集具有代表性、典型性、时效性和程序性 2. 正确选择并使用采样工具和容器 3. 正确选择采样技术			
	快速检测10分	1. 速测卡法测定过氧化苯甲酰正确 2. 精密定量法测定过氧化苯甲酰正确			
	检测报告10分	1. 检测报告计量和计数单位正确 2. 检测结果的表述和评价正确 3. 处理意见正确 4. 检测报告填写规范			
	遵守安全、卫生要求10分	1. 正确执行安全技术操作规程 2. 实验过程保持现场整洁			
通用能力20分	语言能力5分	1. 准确阐述自己的观点 2. 专业术语表达准确			
	合作能力5分	1. 能与同学配合共同完成工作 2. 具有组织和协调能力			
	发现、分析和解决问题能力5分	1. 善于发现实验过程中的问题 2. 自主分析和解决实验中的问题			
	创新能力5分	1. 善于总结工作经验 2. 善于体验新的检测方法			
态度10分	工作态度	工作认真、细致			
合计					

【思考与练习】

1．如果用 0.05 mol/L 硫代硫酸钠溶液滴定，每消耗 1 滴相当于多少过氧化苯甲酰？

2．如何通过滴数来快速判断样品中过氧化苯甲酰超标的问题？

3．应用速测卡法、精密定量法测定面包中过氧化苯甲酰的含量。

任务 7　乳及乳制品中皮革水解蛋白的快速检测

【学习目标】

1. 了解乳及乳制品中皮革水解蛋白的检测意义和检测原理。

2. 能在教师指导下，以小组协作方式应用快速检测法对乳及乳制品中皮革水解蛋白进行检测。

【任务引入】

2011 年 3 月 18 日，浙江省质量技术监督局抽样检测某乳业公司 8 个批次的含乳饮料成品、半成品，结果其中 3 批次成品、2 批次半成品中含“皮革水解蛋白”成分。之后，质监部门根据该公司销售出库单，开展省内清查、省外协查，在嘉善县、海宁市、龙游县、诸暨市 4 地检测出含“皮革水解蛋白”的产品共 1 298 箱，并就地封存。

皮革水解蛋白主要来自制革工厂的边角废料。严格来讲，它对人体健康并无伤害，不过其前提条件是所用皮革必须是未经鞣制、染色等人工加工处理过的。然而这样的“皮革水解蛋白粉”是不存在的，因为经过鞣制、染色等人工加工处理过的皮革比直接制作成“蛋白粉”利润要高得多。由于“皮革水解蛋白粉”多用皮革厂制作服装、皮鞋后的下脚料来生产，所以这种“蛋白粉”中混进了大量皮革鞣制、染色过程中添加进来的重铬酸钾和重铬酸钠等有毒物质，如果长期食用，“铬”重金属离子便会被人体吸收、积累，导致中毒，使人体关节疏松肿大，还会造成儿童死亡。因此，对“皮革水解蛋白”的监管十分重要。本任务将完成乳及乳制品中皮革水解蛋白的快速检测。

【任务分析】

利用相关快速检测试剂可以完成乳及乳制品中皮革水解蛋白的快速检测。

【相关知识】

本实验采用北京六角体科技发展有限公司生产的快速检测试剂。

一、检测原理

食品中非法添加的皮革水解蛋白经过提取，与检测试剂反应生成有色化合物，在一定范围内颜色深浅与含量成正比，与色阶卡对照读取样品中皮革水解蛋白的含量。

二、检测下限

牛奶：0.1%；奶粉：0.5%。

【任务实施】

一、检测准备工作

1. 检验样品

市售牛奶（见图 3—7—1）。

2. 试剂和材料

检测试剂 A、检测试剂 B、检测试剂 C、提取瓶、1 mL 吸管、5 mL 离心管、滤纸、色阶卡，如图 3—7—2 所示。

图 3—7—1　牛奶

图 3—7—2　试剂和材料

3. 相关资料

检测报告单、原始记录本。

二、样品分析

配图	实验步骤	操作说明
	（1）用一次性吸管吸取液态奶2 mL，加到检测试剂A中，振荡，混匀，静置2 min	若检测样品为奶粉，则称取约1 g奶粉于提取瓶中，加入5 mL蒸馏水，振荡，混匀，之后再从提取瓶中吸取2 mL于检测试剂A中，静置2 min，滤纸过滤
	（2）滤纸过滤	
	（3）取滤液1 mL于5 mL离心管中	
	（4）加0.5 mL试剂B，混匀	

续表

配图	实验步骤	操作说明
	（5）加 1 mL 试剂 C，混匀	若检测样品为奶粉，则称取约 1 g 奶粉于提取瓶中，加入 5 mL 蒸馏水，振荡，混匀，之后再从提取瓶中吸取 2 mL 于检测试剂 A 中，静置 2 min，滤纸过滤
	（6）将离心管中的液体颜色与色阶卡进行比较。相近颜色对应的含量即样品中皮革水解蛋白的含量	

【考核评价】

素质	内容 学习目标	评价项目	评价 自我评价 30%	评价 小组评价 30%	评价 教师评价 40%
知识 20 分	应知应会	1. 了解水解皮革蛋白的检测意义和检测原理 2. 掌握水解皮革蛋白的快速检测方法			
专业能力 50 分	实验准备 10 分	1. 快速检测仪器设备准备充分 2. 组内分工明确			
	样品采集 10 分	1. 样品采集具有代表性、典型性、时效性和程序性 2. 正确选择并使用采样工具和容器 3. 正确选择采样技术			
	快速检测 10 分	1. 水解皮革蛋白的快速检测准确 2. 各检测操作步骤正确			
	检测报告 10 分	1. 检测报告计量和计数单位正确 2. 检测结果的表述和评价正确 3. 处理意见正确 4. 检测报告填写规范			

续表

<table>
<tr><th rowspan="2">素质</th><th>内容</th><th rowspan="2">评价项目</th><th colspan="3">评　价</th></tr>
<tr><th>学习目标</th><th>自我评价30%</th><th>小组评价30%</th><th>教师评价40%</th></tr>
<tr><td>专业能力50分</td><td>遵守安全、卫生要求10分</td><td>1. 正确执行安全技术操作规程
2. 实验过程保持现场整洁</td><td></td><td></td><td></td></tr>
<tr><td rowspan="4">通用能力20分</td><td>语言能力5分</td><td>1. 准确阐述自己的观点
2. 专业术语表达准确</td><td></td><td></td><td></td></tr>
<tr><td>合作能力5分</td><td>1. 能与同学配合共同完成工作
2. 具有组织和协调能力</td><td></td><td></td><td></td></tr>
<tr><td>发现、分析和解决问题能力5分</td><td>1. 善于发现实验过程中的问题
2. 自主分析和解决实验中的问题</td><td></td><td></td><td></td></tr>
<tr><td>创新能力5分</td><td>1. 善于总结工作经验
2. 善于体验新的检测方法</td><td></td><td></td><td></td></tr>
<tr><td>态度10分</td><td>工作态度</td><td>工作认真、细致</td><td></td><td></td><td></td></tr>
<tr><td colspan="3">合计</td><td></td><td></td><td></td></tr>
</table>

【思考与练习】

1. 简述皮革水解蛋白的检测意义和检测原理。
2. 简述皮革水解蛋白的检测方法和流程。
3. 利用快速检测法测定奶粉中皮革水解蛋白的含量。

项目四

重金属快速检测

任务 1　面粉中铬的快速检测

1. 了解食品中铬的来源、中毒机理及症状。

2. 知道食品中铬的快速检测方法和适用范围。

3. 能在教师指导下，以小组协作方式利用重金属快速检测试剂盒法测定食品中的铬含量。

【任务引入】

2012 年 11 月，北京某国际贸易有限公司进口的两批次红茶出现在国家质检总局公布的进境不合格食品名单中。这两批次从印度进口的某品牌红茶因其中重金属铬含量超标而被销毁。

铬元素是人体内重要的微量元素之一，但工业生产中的铬化合物对动物和人体有强烈的毒性，可导致急性、慢性中毒。本任务将要完成面粉中铬的快速检测。

【任务分析】

为测定市售面粉中铬的含量，在多种铬含量的快速检验方法中，本任务选择重金属快速检测试剂盒法来测定面粉中的铬含量。此方法通过提取食品中的重金属铬，与检测试剂反应生成有色化合物，在一定范围内有色化合物的颜色深浅与含量成正比，与色阶卡对照读取样品重金属铬的含量。

【相关知识】

一、铬元素概述

铬（Cr），银白色金属，常见化合价为 +3，+6 和 +2。铬单质是银白色有光泽的金属，如图 4—1—1 所示。纯铬有延展性，含杂质的铬硬而脆，能慢慢地溶于稀盐酸、稀硫酸而生成蓝色溶液。铬单质与空气接触很快变成绿色，是因为被空气中的氧气氧化成绿色的 Cr_2O_3 的缘故。

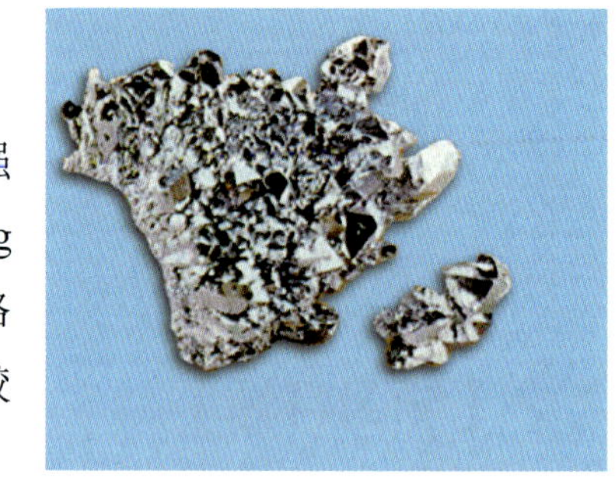

图 4—1—1　铬单质

人体摄入铬元素后，能加快体内胆固醇的代谢，增强机体的耐力，促进肌肉的生成。成年人每天至少需要 50 μg 的铬，而活动量大时则需要 100～200 μg。自然界中的铬元素，多以三价和六价的形式存在。三价铬的化合物较稳定，存在于食物和生物组织中，参与生物体代谢活动，是人体必需的微量元素。而工业生产中使用的铬的化合物多是六价，这些六价铬的化合物对动物和人体有强烈的毒性，可导致急性、慢性中毒。铬元素能通过呼吸道、消化道和皮肤吸收进入人体内，并分布于肝、肾等脏器，最后经肾排出。

二、铬元素快速检测适用范围

适用于啤酒、酵母、干酪、蛋类、动物肝脏、苹果、香蕉、牛肉、面粉、鸡肉以及马铃薯等食品。

三、铬限量标准

根据国家标准 GB/T 2762—2005《食品中污染物限量》的相关规定，食品中铬限量的标准见表 4—1—1。

表 4—1—1　食品中铬限量标准

污染物类型	食　品	限量（MLs）/（mg/kg）
铬	鲜乳	0.3
	薯类、蔬菜、水果	0.5
	粮食、豆类、肉类（包括肝、肾）、蛋类	1.0
	鱼类、贝类、乳粉	2.0

【任务实施】

一、检测准备工作

1. 仪器和设备

色阶卡、提取瓶、滴管、离心管、小勺。

2. 试剂

（1）试剂 A。

（2）试剂 B。

3. 检测样品

市售袋装面粉，如图 4—1—2 所示。

图 4—1—2　市售袋装面粉

二、样品分析

配图	实验步骤	操作说明
	（1）样品处理 1）取 2.0 g 面粉置于提取瓶中	（1）在使用试剂时，必须注意安全，若不小心将试剂溅到皮肤上，要立即用清水冲洗 （2）快速检测试剂盒置于阴凉干燥处保存，有效期为 12 个月
	2）加水 5 mL	

续表

<table>
<tr><th>配图</th><th>实验步骤</th><th>操作说明</th></tr>
<tr><td> 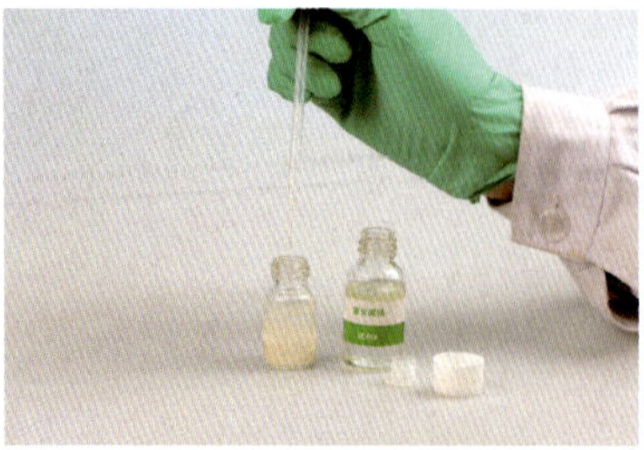</td><td>3）加入 5 滴试剂 A 振荡后静置 2 min</td><td rowspan="4">（1）在使用试剂时，必须注意安全，若不小心将试剂溅到皮肤上，要立即用清水冲洗
（2）快速检测试剂盒置于阴凉干燥处保存，有效期为 12 个月</td></tr>
<tr><td> 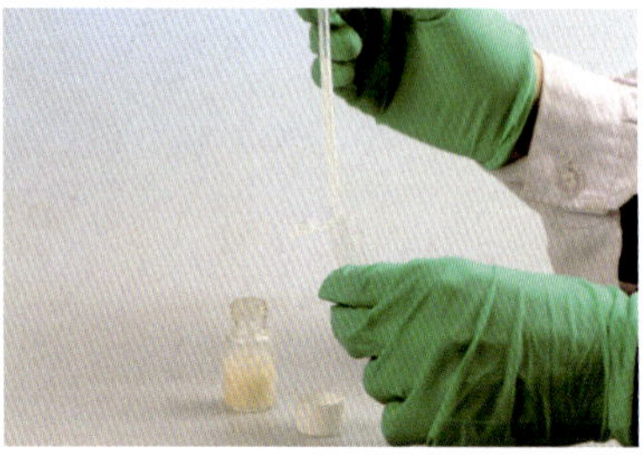</td><td>4）取 2.0 mL 上清液于离心管中</td></tr>
<tr><td> 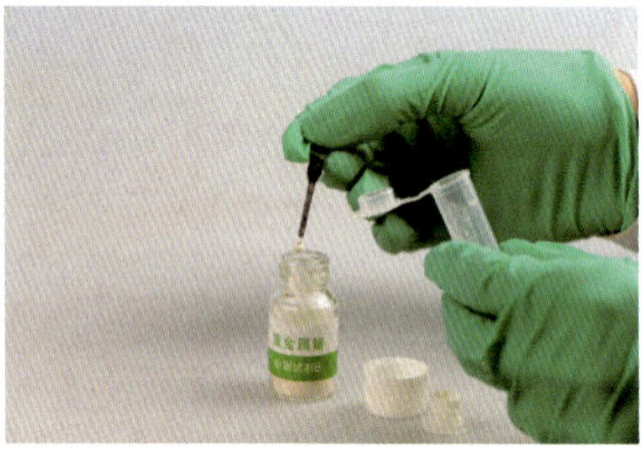</td><td>5）向离心管中加一小勺铬检测试剂 B，摇匀后静置 2 min</td></tr>
<tr><td> 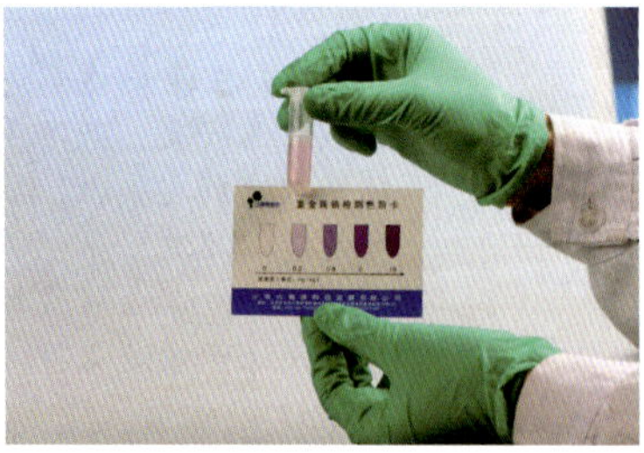</td><td>（2）测定。将离心管中的液体颜色与色阶卡比较，相近颜色对应的含量即为样品中重金属铬的含量</td></tr>
</table>

【考核评价】

素质	内容 学习目标	评价项目	评价		
			自我评价30%	小组评价30%	教师评价40%
知识20分	应知应会	1. 铬快速检测的意义 2. 铬快速检测的相关方法 3. 铬快速检测的适用范围 4. 食品中铬的限量标准			
专业能力50分	实验准备10分	1. 快速检测仪器设备准备充分 2. 组内分工明确			
	样品采集10分	1. 样品采集具有代表性、典型性、时效性和程序性 2. 正确选择并使用采样工具和容器 3. 正确选择采样技术			
	快速检测10分	重金属铬快速检测试剂盒法测定正确			
	检测报告10分	1. 检测报告计量和计数单位正确 2. 检测结果的表述和评价正确 3. 处理意见正确 4. 检测报告填写规范			
	遵守安全、卫生要求10分	1. 正确执行安全技术操作规程 2. 实验过程保持现场整洁			
通用能力20分	语言能力5分	1. 准确阐述自己的观点 2. 专业术语表达准确			
	合作能力5分	1. 能与同学配合共同完成工作 2. 具有组织和协调能力			
	发现、分析和解决问题能力5分	1. 善于发现实验过程中的问题 2. 自主分析和解决实验中的问题			
	创新能力5分	1. 善于总结工作经验 2. 善于体验新的检测方法			
态度10分	工作态度	工作认真、细致			
合计					

【思考与练习】

1．如果样品处理液的颜色过深、浑浊且色度较深并含有有机物干扰时，应怎样处理样品液？

2．应用重金属铬的快速检测试剂盒法测定矿泉水中的六价铬含量。

任务 2　海虾中砷的快速检测

【学习目标】

1．了解食品中砷的来源、危害及存在形式。

2．熟悉食品中砷快速检验方法和适用范围。

3．能在教师指导下，以小组协作方式，利用铜片变色定性法测定食品中的砷含量。

4．能在没有教师的指导下，查阅相关学习资料，对检砷管速测盒法对食品中的砷含量进行测定。

【任务引入】

2011 年 7 月，广西壮族自治区有关部门公布了第二季度广西流通领域水产品的抽查结果。结果显示，市场上大部分紫菜、海带等藻类食品不合格。这次抽检的藻类食品中，不合格的主要原因是对人体有害的无机砷指标超标。无机砷属于有害物质，进入人体会影响肝脏功能。

砷是环境中广泛存在的有毒元素之一，已被美国疾病预防控制中心和国际防癌研究机构确定为人类致癌物。人类在生产生活中会通过消化道、呼吸道和皮肤等途径接触到砷的化合物。海产品通过生物富集作用吸收水质中大量的有害元素，而长期食用含砷量较高的海产品会对人体造成一定的危害。砷元素进入人体后，会破坏细胞的氧化还原能力，影响细胞的正常代谢，引起组织损害和机体障碍，产生一系列的中毒症状，如四肢疼痛性痉挛、呕吐、腹泻等。根据国家相关标准，海鲜体内的砷含量不能超过 0.1 mg/kg。本任务将要完成海虾中砷含量的快速检测。

【任务分析】

砷含量的快速检测有两种常用方法：铜片变色定性法和检砷管速测盒法。

【相关知识】

一、砷元素概述

砷（As），是一种有毒的类金属，如图 4—2—1 所示，并有许多的同素异形体，黄色和几种黑、灰色的是常见的种类。砷与其化合物常被运用在农药、除草剂、杀虫剂与许多种合金中。

图 4—2—1　砷单质

根据国家标准 GB/T 5009．11—2010《食品中砷的测定》中的相关规定，食品中砷限量的标准，见表 4—2—1。

表 4—2—1　食品中砷限量标准

食　品	限量（MLs）/（mg/kg）	
	总砷	无机砷
粮食 大米 面粉 杂粮	 — — —	 0.15 0.1 0.2
蔬菜	—	0.05
水果	—	0.05
畜禽类	—	0.05
蛋类	—	0.05
乳粉	—	0.25
鲜乳	—	0.05

续表

食品	限量（MLs）/（mg/kg）	
	总砷	无机砷
豆类	—	0.1
酒类	—	0.05
鱼 藻类（以干重计） 贝类及虾蟹类（以鲜重计） 贝类及虾蟹类（以干重计） 其他水产品（以鲜重计）	— — — — —	0.1 1.5 0.5 1.0 0.5
食用油脂 果汁及果浆	0.1 0.2	— —
可可脂及巧克力 其他可可制品	0.5 1.0	— —
食糖	0.5	—

二、砷快速检测的原理

1. 铜片变色定性法

此方法是将样品放入盐酸溶液中，利用金属铜使砷化合物形成黑色砷化铜而沉淀在铜表面来鉴定样品中的砷化合物。

2. 检砷管速测盒法

氯化金与砷相遇发生反应，可使氯化金硅胶柱变成紫红色或灰紫色，在装有氯化金硅胶的柱中，砷含量与变色的长度成正比，以此可达到半定量的目的。

三、砷快速检测适用范围

1. 铜片变色定性法

此方法适用于食物中毒残留物中砷、锑、汞、银、硫化物的快速检测。

2. 检砷管速测盒法

此方法适用于食物、水及中毒残留物中砷的快速检测。

【任务实施】

一、铜片变色定性法

1. 检测准备工作

（1）仪器和设备。铜丝、冷冻管、滴管、小勺、水浴锅。

（2）试剂。提取剂、试剂 A、试剂 B。

（3）检测样品：市售海虾（见图 4—2—2）。

图 4—2—2　市售海虾

2. 样品分析

配图	实验步骤	操作说明
	（1）样品处理 1）取海虾样品约 1 g 于冻存管中，加入 1.5 mL 提取剂	（1）在使用试剂时必须注意安全，若不小心将试剂溅到皮肤上，要立即用清水冲洗 （2）本快速检测试剂盒应置于阴凉干燥处保存，有效期 12 个月
	2）加入 2 ~ 3 滴砷试剂 A	

续表

配图	实验步骤	操作说明
	3）加入少许（0.1 g）砷试剂 B	（1）在使用试剂时必须注意安全，若不小心将试剂溅到皮肤上，要立即用清水冲洗 （2）本快速检测试剂盒应置于阴凉干燥处保存，有效期 12 个月
	4）再加入 1 段铜丝，拧紧瓶塞	
	5）在沸水浴中加热 5 min	
	（2）测定 1）取出铜丝，观察铜丝上有无黑色砷化铜存在	
	2）观察判断：铜丝变为黑色或灰色则可能存在砷盐	

二、检砷管速测盒法

1. 检测准备工作

（1）仪器和设备。检砷管速测反应瓶、检砷管、量筒（50 mL）、小勺、剪刀。

（2）试剂。酒石酸、产气片、蒸馏水。

2. 样品分析

配图	实验步骤	操作说明
	（1）样品处理 1）取粉碎后的固体样品 1 g 置于反应瓶中	1）固体样品需要振摇后浸泡 10 min 2）富含蛋白质的样品需加入 5 ~ 10 滴消泡剂
	2）加入 20 mL 蒸馏水或纯净水	
	3）加入两平勺（约 0.2 g）酒石酸，摇匀	

续表

<table>
<tr><th>配图</th><th>实验步骤</th><th>操作说明</th></tr>
<tr><td>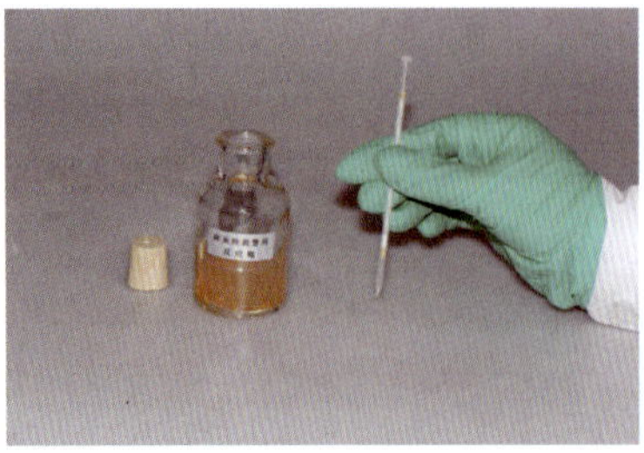</td><td>（2）测定
1）取一支检砷管，将较长的空端朝下，在台面上轻敲几下</td><td rowspan="4">1）此反应最好在25 ~ 30℃下进行，天冷时可用手温或温水加热
2）加入产气片后应立即将待用检砷管的胶塞插入反应瓶口中
3）试剂避光常温保存，有效期为两年</td></tr>
<tr><td>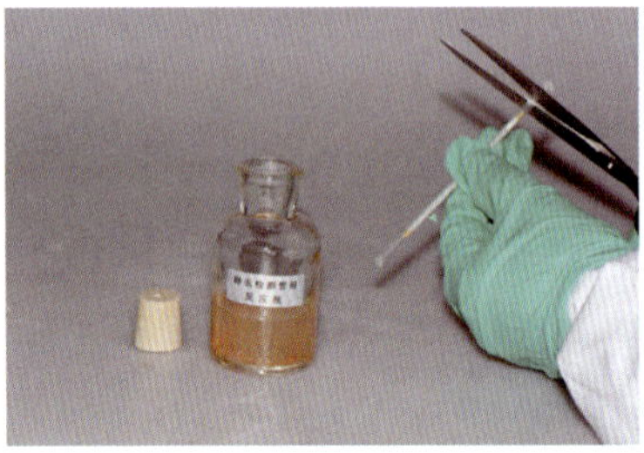</td><td>2）剪去两端封头</td></tr>
<tr><td>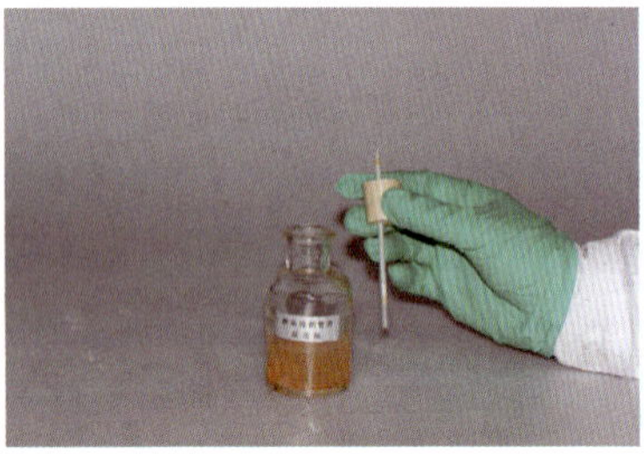</td><td>3）将空端较长的一头插入带孔的胶塞中</td></tr>
<tr><td>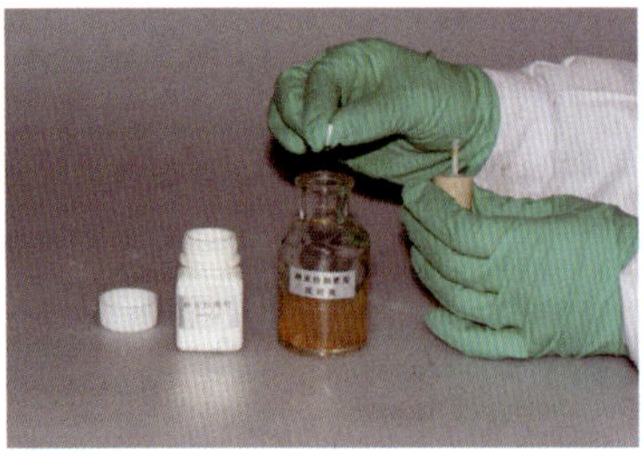</td><td>4）向反应瓶中加入一片产气片</td></tr>
</table>

续表

配图	实验步骤	操作说明
	5）立即将胶塞插入反应瓶口中	1）此反应最好在25 ~ 30℃下进行，天冷时可用手温或温水加热 2）加入产气片后应立即将待用检砷管的胶塞插入反应瓶口中 3）试剂避光常温保存，有效期为两年
	6）待产气停止，观察并测量检砷管中的氯气金硅胶柱变成紫红色或灰紫色的长度	

3. 数据处理

根据变色长度，查表4—2—2求出样品含砷量，对照表是已取样量为1 g时的结果值，若为油脂样，查表得出的结果需要除以2，水样需要除以20。对于含砷量较低的食物，可适当加大取样量，在计算结果时除以较大取样量的倍数。

表4—2—2　　检砷管变色范围长度与样品砷含量对照表

变色长度（nm）	样品含砷量(mg/kg)	变色长度（nm）	样品含砷量(mg/kg)	变色长度（nm）	样品含砷量(mg/kg)
≤ 0.6	0.0	3.5 ~ 4.4	1.0	10 ~ 11	5.0
0.7 ~ 1.4	0.1	4.5 ~ 5.9	2.0	12 ~ 13	6.0
1.5 ~ 2.4	0.2	6 ~ 7	3.0	14 ~ 15	8.0
2.5 ~ 3.4	0.5	8 ~ 9	4.0	16 ~ 18	10.0

【考核评价】

素质	内容 学习目标	评价项目	评价 自我评价 30%	小组评价 30%	教师评价 40%
知识 20 分	应知应会	1. 砷快速检测的意义 2. 砷快速检测的相关方法 3. 砷快速检测的适用范围 4. 食品中砷的限量标准			
专业能力 50 分	实验准备 10 分	1. 快速检测仪器设备准备充分 2. 组内分工明确			
	样品采集 10 分	1. 样品采集具有代表性、典型性、时效性和程序性 2. 正确选择并使用采样工具和容器 3. 正确选择采样技术			
	快速检测 10 分	1. 铜片变色定性法测定砷正确 2. 检砷管速测盒法测定砷正确			
	检测报告 10 分	1. 检测报告计量和计数单位正确 2. 检测结果的表述和评价正确 3. 处理意见正确 4. 检测报告填写规范			
	遵守安全、卫生要求 10 分	1. 正确执行安全技术操作规程 2. 实验过程保持现场整洁			
通用能力 20 分	语言能力 5 分	1. 准确阐述自己的观点 2. 专业术语表达准确			
	合作能力 5 分	1. 能与同学配合共同完成工作 2. 具有组织和协调能力			
	发现、分析和解决问题能力 5 分	1. 善于发现实验过程中的问题 2. 自主分析和解决实验中的问题			
	创新能力 5 分	1. 善于总结工作经验 2. 善于体验新的检测方法			
态度 10 分	工作态度	工作认真、细致			
合计					

【思考与练习】

1．使用铜片变色定性法快速检测，铜片出现不同颜色，说明样品中可能含有不同类型的金属毒物，见表 4—2—3。

表 4—2—3　　铜片变色与可能存在的金属毒物

铜片变色情况	可能存在的金属毒物
灰色或黑色	砷化物
灰紫色	锑化物
灰黑色	铋化物
银白色	汞化物
灰白色	银化物
黑色	硫化物、亚硫酸盐

根据上述实验原理，思考本节实验的实验现象是否能说明一定有砷存在？

2. 实验室中，还可采用哪些砷元素含量的快速测定方法？

3. 用砷化物快速检测试剂盒测定蔬菜中的砷化物含量。

任务 3　松花蛋中铅的快速检测

【学习目标】

1. 了解食品中铅的来源、危害及存在形式。
2. 掌握食品中铅的快速检测方法和适用范围。
3. 能在教师指导下，以小组协作方式，利用重金属快速检测试剂盒法测定食品中的铅含量。

【任务引入】

2003 年，昆明市曾对 13 880 名儿童进行了铅中毒现状调查。调查发现，50% 的儿童存在铅中毒问题。而 2007 年，再次的调查结果仍不容乐观，云南省某小学 1 000 多名学生中，铅中毒百分比为 15%，而另一小学里 1 000 多人的铅中毒百分比达到 25%。引起铅中毒的原因主要是汽车尾气和膨化食品等。

铅元素经食物和呼吸进入人体，会对神经、造血、心血管、消化、泌尿生殖、内分泌和骨骼系统造成急性或慢性毒性影响，通常会导致肠绞痛、贫血和肌肉瘫痪等病症，严重时可引发脑病甚至导致死亡。皮蛋，即松花蛋，不仅为国内广大消费者所喜爱，在国际市场上也享有盛名。但是，在其生产加工过程中一般会加入少量的含铅物质。本任务将要完成松花蛋中铅的快速检测。

【任务分析】

本任务选择重金属快速检测试剂盒法测定松花蛋中的铅含量。此方法通过将样品萃取处理，与定性试剂反应，若生成黄色或土红色物质，则可判定样品中含有重金属铅。

【相关知识】

一、铅元素概述

铅（Pb），银灰色重金属元素，如图 4—3—1 所示，质软，可弯曲，切面在空气中长时间暴露，易生成碳酸铅薄膜而使表面失去光泽。铅元素通常不是以单质的状态存在，而是与其他元素结合成盐类。

图 4—3—1　铅单质

二、铅中毒的临床表现

1. 腹痛、腹泻、呕吐、大便呈黑色。
2. 头痛、头晕、失眠，甚至烦躁、昏迷。
3. 心悸、面色苍白、贫血。

4．血管痉挛，肝肾损害。

5．急性中毒病儿口内有金属味，流涎，恶心，呕吐，呕吐物常呈白色奶块，腹痛，出汗，烦躁，拒食等。

6. 急性铅中毒性脑病时，会突然出现顽固性呕吐，并伴有呼吸、脉搏加快，共济失调，斜视，惊厥，昏迷等，此时可有血压增高及视神经乳头水肿。

7．重症铅中毒常有阵发性腹绞痛，并可发生肝大、黄疸、少尿或无尿、循环衰竭等，少数有消化道出血和麻痹性肠梗阻。

三、铅快速检测适用范围

本方法适用于各类食品。

四、铅快速检测限量标准

根据国家标准 GB/T 2762—2005《食品中污染物限量》中的相关规定，食品中铅限量的标准，见表 4—3—1。

表 4—3—1　　食品中铅限量标准

污染物类型	食　　品	限量（MLs）/(mg/kg)
铅	婴儿配方粉（乳为原料，以冲调后乳汁计）	0.02
	鲜乳、果汁	0.05
	蔬菜（球茎、叶菜、食用菌类除外）、水果	0.1
	谷类、豆类、薯类、禽畜肉类、小水果、浆果	0.2
	葡萄、鲜蛋、果酒	—
	球茎类蔬菜、叶菜类蔬菜	0.3
	鱼类、可食用禽畜内脏	0.5
	茶叶	5

【任务实施】

一、检测准备工作

1. 仪器和设备

离心管（15 mL/1.5 mL）、滴管、离心机。

2. 试剂

试剂 A、试剂 B、试剂 C。

3. 检测样品

市售皮蛋（见图 4—3—2）。

图 4—3—2　市售皮蛋

二、样品分析

配图	实验步骤	操作说明
	（1）样品处理 1）取 2 g 剪碎松花蛋于 15 mL 离心管中，加入 2 mL 试剂 A，摇匀约 30 s	1）做本实验时必须戴上手套。若不小心将试剂溅到皮肤上，要立即用清水冲洗 2）本快速检测试剂盒置于阴凉干燥处保存，有效期 12 个月
	2）再向其中加入 2 mL 试剂 B，摇匀约 30 s；静置 5 ~ 10 min，待测液明显分层或 2 000 r/min 离心 2 min，弃去上层	
	3）加入 1.5 mL 试剂 A，静置 5 ~ 10 min，待测液明显分层或 2 000 r/min 离心 2 min	

续表

配图	实验步骤	操作说明
	4）用一次性吸管吸取下层 1 mL 于 1.5 mL 离心管中	
	（2）测定。加入 3 滴试剂 C，摇匀后，5 min 内观察颜色	
	（3）结果判断。若液体显无色或乳白色，则样品中不含重金属铅；若液体显黄色或土红色，则样品中含有重金属铅	
	（4）如果显色后在离心管中观察不明显，可将样液倒入白色点滴板的一个孔中，进一步观察，高浓度有黑色沉淀物则样品中含有重金属铅	

【考核评价】

素质	内容 学习目标	评价项目	评价 自我评价 30%	 小组评价 30%	 教师评价 40%
知识 20分	应知应会	1. 铅快速检测的意义 2. 铅快速检测的相关方法 3. 铅快速检测的适用范围 4. 食品中铅的限量标准			
专业能力 50分	实验准备 10分	1. 快速检测仪器设备准备充分 2. 组内分工明确			
	样品采集 10分	1. 样品采集具有代表性、典型性、时效性和程序性 2. 正确选择并使用采样工具和容器 3. 正确选择采样技术			
	快速检测 10分	重金属铅快速检测试剂盒法测定铅正确			
	检测报告 10分	1. 检测报告计量和计数单位正确 2. 检测结果的表述和评价正确 3. 处理意见正确 4. 检测报告填写规范			
	遵守安全、卫生要求 10分	1. 正确执行安全技术操作规程 2. 实验过程保持现场整洁			
通用能力 20分	语言能力 5分	1. 准确阐述自己的观点 2. 专业术语表达准确			
	合作能力 5分	1. 能与同学配合共同完成工作 2. 具有组织和协调能力			
	发现、分析和解决问题能力 5分	1. 善于发现实验过程中的问题 2. 自主分析和解决实验中的问题			
	创新能力 5分	1. 善于总结工作经验 2. 善于体验新的检测方法			
态度 10分	工作态度	工作认真、细致			
合计					

【思考与练习】

1．生活中，哪些食品还容易出现铅含量超标的现象？试举例说明。

2．判断从市场购买的新鲜蔬菜是否存在铅超标。

项目五

农药兽药残留快速检测

任务1　蔬菜中有机磷和氨基甲酸酯类农药的快速检测

【学习目标】

1. 了解有机磷和氨基甲酸酯类农药的性质及危害。
2. 能正确使用干式试纸分析仪。
3. 能在教师指导下，以小组协作方式应用酶抑制率法检测有机磷和氨基甲酸酯类农药。

【任务引入】

2009年9月2日，辽宁省灯塔市发生一起16名小学生农药中毒事件。经辽阳市疾病预防控制中心对现场的井水、缸中水、方便面及呕吐物进行化验确定，其缸中水存在微量的农药灭多威成分，学生中毒症状系该物质造成。

有机磷和氨基甲酸酯类农药均为神经毒素，蔬菜、水果中农药残留超标会严重危害食用者的身体健康。但由于蔬菜和水果供需量非常大，而常规农药残留检测方法耗时长，难以满足对各批各类蔬菜和水果的监察，因此，快速检测的应用就显得十分重要。本任务将完成蔬菜中有机磷和氨基甲酸酯类农药的快速检测工作。

【任务分析】

利用相关快速检测试剂可以完成蔬菜中有机磷和氨基甲酸酯类农药的快速检测。

【相关知识】

一、残留性农药分类

世界卫生组织和联合国粮食及农业组织（WHO/FAO）对农药残留限量的定义为：按照良好的农业生产（GAP）规范，直接或间接使用农药后，在食品和饲料中形成的农药残留物的最大浓度。目前使用的农药，有些在较短时间内可以通过生物降解成为无害物质，而包括 DDT 在内的有机氯类农药则难以降解，是残留性强的农药。根据残留的特性，可把残留性农药分为以下 3 种：

1．容易在植物机体内残留的农药称为植物残留性农药。

2．易在土壤中残留的农药称为土壤残留性农药。

3．易溶于水而长期残留在水中的农药称为水体残留性农药。

残留性农药在植物、土壤和水体中的残存形式有两种：一种是保持原来的化学结构；另一种是以其化学转化产物或生物降解产物的形式残存。

二、常见残留性农药的性质

1．有机氯类农药

六六六、DDT 等有机氯类农药和它们的代谢产物化学性质稳定，在农作物及环境中消解缓慢，同时容易在人和动物体内的脂肪中积累。因而虽然有机氯类农药及其代谢物毒性并不高，但它们的残毒问题仍然存在。

2．有机磷和氨基甲酸酯类农药

有机磷和氨基甲酸酯类农药化学性质不稳定，施用后，容易受外界条件影响而分解。但有机磷和氨基甲酸酯类农药中存在着部分高毒和剧毒品种，如甲胺磷、对硫磷、涕灭威、克百威、水胺硫磷等，如果被施用于生长期较短、连续采收的蔬菜，则很难避免因残留量超标而导致人畜中毒。

另外，一部分农药虽然本身毒性较低，但其生产杂质或代谢物残毒较高，例如，二硫代氨基甲酸酯类杀菌剂生产过程中产生的杂质及其代谢物乙撑硫脲属致癌物，三氯杀螨醇中的杂质 DDT，丁硫克百威、丙硫克百威的主要代谢物克百威和 3- 羟基克百威等残毒较高。

三、有机磷和氨基甲酸酯类农药残留的危害

农药进入粮食、蔬菜、水果、鱼、虾、肉、蛋、奶中会造成食物污染，危害人体的健康。食用含有大量高毒、剧毒农药残留的食物会导致人、畜急性中毒事故。长期食用农药残留超标的农副产品，虽然不会导致急性中毒，但可能引起人和动物的慢性中毒，导致疾病的发生，甚至影响下一代。

有机磷农药由于其药效高、毒性大、易降解等特点，成为目前农药生产中吨位最大，也是世界上生产和使用最多的农药品种。主要成品有敌敌畏、乐果、氧化乐果、对硫磷和甲基对硫磷等，可导致迟发性神经毒性，引起运动失调、昏迷、呼吸中枢麻痹、瘫痪甚至死亡。

氨基甲酸酯类农药是继有机磷之后出现的一类农药，主要有呋喃丹、涕灭威、灭多威、残杀威、速灭威、西维因等，与有机磷农药一样，也具有神经毒性，但毒性比有机磷农药弱。

四、有机磷和氨基甲酸酯类农药的快速检测方法

本实验采用北京六角体科技发展有限公司生产的快速检测试剂和仪器。

检测原理：用胆碱酯酶催化显色剂显色，蔬菜中的有机磷及氨基甲酸酯类农药对胆碱酯酶活性起抑制作用，在渗滤卡上农药的浓度与显色剂颜色成反比，通过仪器的内置曲线实现蔬菜中有机磷及氨基甲酸酯类农药的定量检测。

检测对象：蔬菜、水果。

检测下限：0.5 mg/kg。

【任务实施】

一、检测准备工作

1. 检测样品

市售娃娃菜，如图 5—1—1 所示。

2. 试剂和仪器

干式试纸分析仪、渗滤卡、胆碱酯酶、缓冲液、1 mL 吸管、0.25 mL 吸管，如图 5—1—2 所示。

图 5—1—1　市售娃娃菜

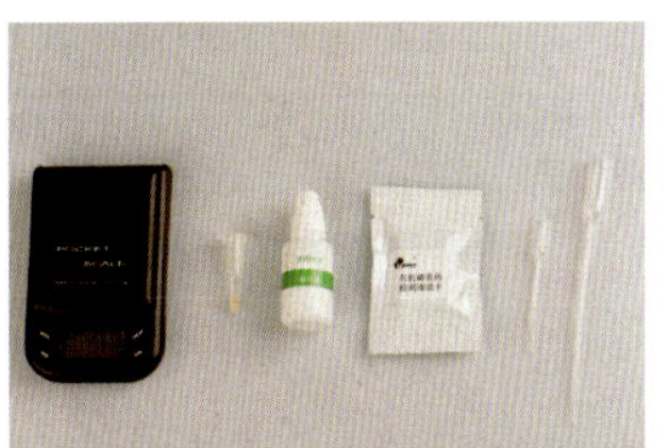

图 5—1—2　试剂和仪器

二、样品分析

配图	实验步骤	操作说明
	（1）选取有代表性的蔬菜样品，去掉不可食部分后称取蔬菜试样，洗掉表面泥土，剪成 1 cm 左右碎片	葱、蒜、萝卜、韭菜、香菜、茭白、蘑菇和番茄汁液中含有对酶有影响的植物次生物质，容易产生假阳性，处理样品时，可采取整株（体）蔬菜浸提液或采用表面测定法。对一些含叶绿素较高的蔬菜，也可采取整株（体）蔬菜浸提法，减少色素的干扰
	（2）取样品 0.1 g，放入胆碱酯酶瓶中	
	（3）向瓶中加入 0.5 mL 缓冲液，摇匀后，室温反应 15 min	

续表

配图	实验步骤	操作说明
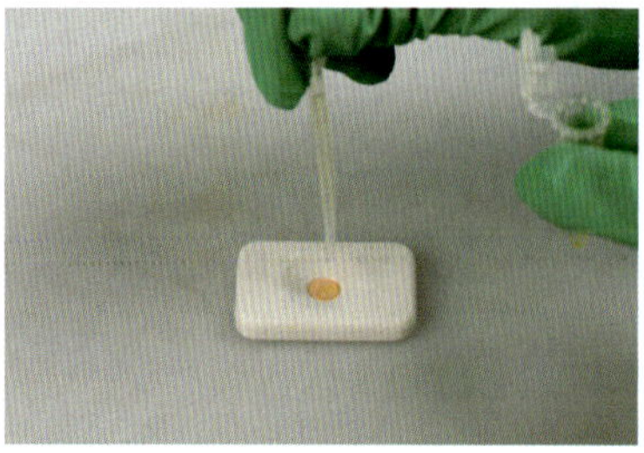	（4）用 0.25 mL 吸管吸取反应液 2 滴，滴于渗滤卡加样孔内，室温放置 3 min	
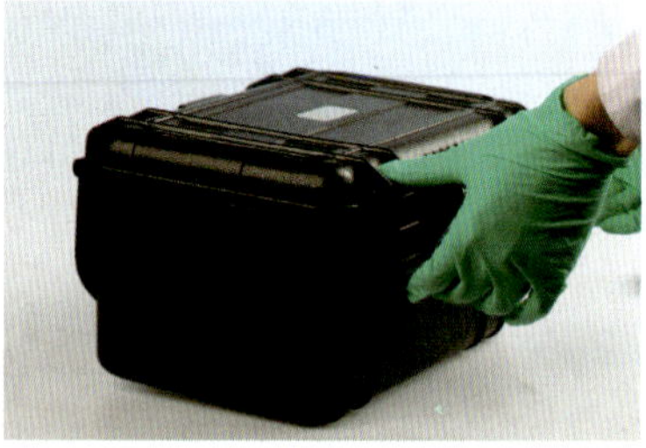	（5）打开干式试纸分析仪	
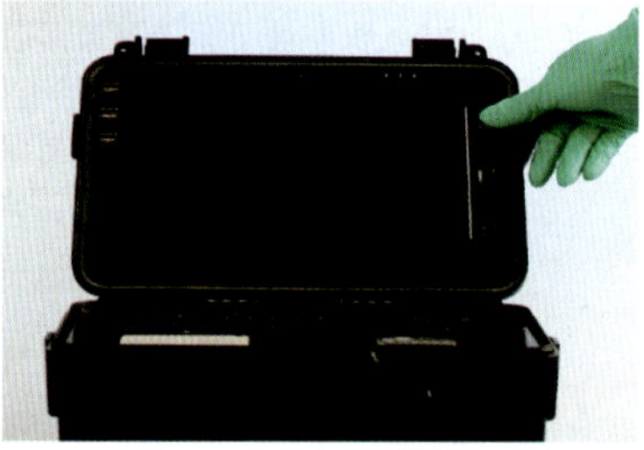	（6）按下右上角的开机键	
 文件 liujiaoti	（7）双击软件快捷图标，启动软件	
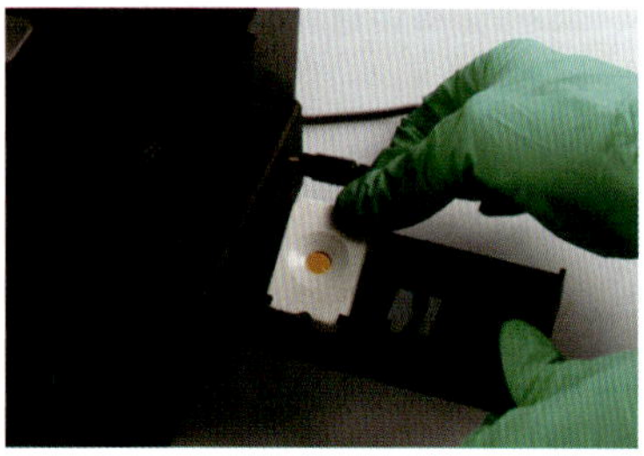	（8）将渗滤卡插入干式试纸分析仪中	

续表

配图	实验步骤	操作说明
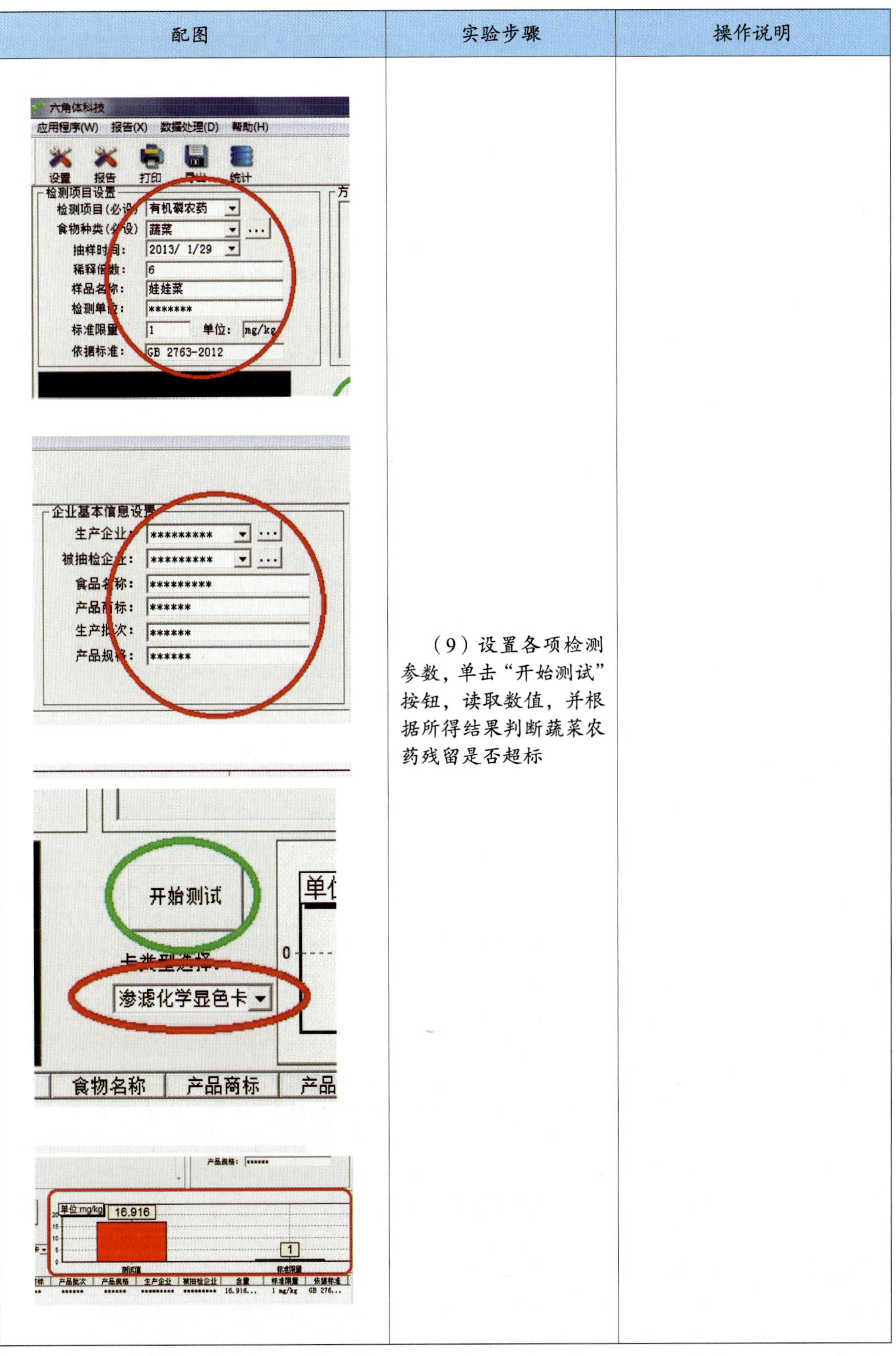	（9）设置各项检测参数，单击“开始测试”按钮，读取数值，并根据所得结果判断蔬菜农药残留是否超标	

【考核评价】

素质	内容 学习目标	评价项目	评价 自我评价 30%	小组评价 30%	教师评价 40%
知识 20分	应知应会	1. 了解有机磷和氨基甲酸酯类农药的性质和危害 2. 掌握有机磷和氨基甲酸酯类农药的快速检测方法			
专业能力 50分	实验准备 10分	1. 快速检测仪器和设备准备充分 2. 组内分工明确			
	样品采集 10分	1. 样品采集具有代表性、典型性、时效性和程序性 2. 正确选择并使用采样工具和容器 3. 正确选择采样技术			
	快速检测 10分	1. 有机磷和氨基甲酸酯类农药的快速检测准确 2. 快速检测仪器操作正确			
	检测报告 10分	1. 检测报告计量和计数单位正确 2. 检测结果的表述和评价正确 3. 处理意见正确 4. 检测报告填写规范			
	遵守安全、卫生要求 10分	1. 正确执行安全技术操作规程 2. 实验过程保持现场整洁			
通用能力 20分	语言能力 5分	1. 准确阐述自己的观点 2. 专业术语表达准确			
	合作能力 5分	1. 能与同学配合共同完成工作 2. 具有组织和协调能力			
	发现、分析和解决问题能力 5分	1. 善于发现实验过程中的问题 2. 自主分析和解决实验中的问题			
	创新能力 5分	1. 善于总结工作经验 2. 善于体验新的检测方法			
态度 10分	工作态度	工作认真、细致			
合计					

【思考与练习】

1. 简述误食有机磷和氨基甲酸酯类农药对人体的危害。
2. 简述有机磷和氨基甲酸酯类农药残留的检测意义和检测原理。
3. 简述有机磷和氨基甲酸酯类农药残留的检测方法和流程。
4. 利用快速检测法测定苹果上有机磷和氨基甲酸酯类农药残留。

任务 2　猪肝中磺胺类药物的快速检测

【学习目标】

1. 了解磺胺类药物的性质和危害。
2. 能在教师指导下，以小组协作方式应用快速检测法检测磺胺类药物。

【任务引入】

2012 年 11 月 23 日，媒体曝光了山西省某集团养殖的一只鸡从孵出到端上餐桌只需要 45 天，这只鸡是用饲料和药物喂养的。上海市食品药品监督管理局通过抽查发现，鸡肉原料存在兽药残留超标问题，并已立案。

磺胺类药品有 28 天的休药期。在休药期，畜禽可通过新陈代谢将大多数残留的药物排出体外，使药物的残留量低于最高残留限量，从而达到安全浓度标准。但有些养殖户为了追求高额利润，不遵守休药期的规定，把刚用过药的肉、蛋、乳出售，导致兽药残留。同时，那些常用药物畜禽的耐药性日趋增强，也导致添加量越来越高。长期食用磺胺类药物残留超标的食品，会破坏正常的免疫机能，破坏人的造血系统，造成溶血性贫血、血小板减少等，也可能具有潜在的致癌作用。因此，对磺胺类兽药残留的检测十分必要。本任务将完成猪肝中磺胺类药物的快速检测工作。

【任务分析】

利用相关快速检测试剂可以完成食品中磺胺类药物的快速检测。

【相关知识】

一、兽药残留的定义

兽药残留是“兽药在动物源食品中的残留”的简称，根据联合国粮食及农业组织和世界卫生组织食品中兽药残留联合立法委员会的定义，兽药残留是指动物产品的任何可食部分所含兽药的母体化合物及（或）其代谢物，以及与兽药有关的杂质。所以，兽药残留既包括原药，也包括药物在动物体内的代谢产物和兽药生产中所伴生的杂质，一般以 μg/mL 或 μg/g 计量。

在动物源食品中较容易引起兽药残留量超标的兽药主要有磺胺类、抗生素类、呋喃类、抗寄生虫类和激素类药物。其中磺胺类药物主要通过输液、口服、创伤外用等用药方式或作为饲料添加剂而残留在动物源食品中。近 15 ～ 20 年，动物源食品中磺胺类药物残留量超标现象十分严重，多在猪、禽、牛等动物中发生。

二、兽药残留的产生

兽药在防治动物疾病、提高生产效率、改善畜产品质量等方面起着十分重要的作用。然而，由于养殖人员科学知识的缺乏以及一味地追求经济利益，致使滥用兽药现象在当前畜牧业中普遍存在。滥用兽药极易造成动物源食品中有害物质的残留，这不仅对人体健康造成直接危害，而且对畜牧业的发展和生态环境也造成极大危害。

1. 非法使用违禁或淘汰药物

我国农业部在 2003 年第 265 号公告中明文规定，不得使用不符合《兽药标签和说明书管理办法》规定的兽药产品，不得使用《食品动物禁用的兽药及其他化合物清单》所列 21 类药物及未经农业部批准的兽药，不得使用进口国明令禁用的兽药，畜禽产品中不得检出禁用药物。但事实上，养殖户为了追求最大的经济效益，将禁用药物当做添加剂使用的现象相当普遍。

2. 不遵守休药期规定

休药期的长短不仅与药物在动物体内的消除率和残留量有关，而且还与动物种类、用药剂量和给药途径有关。国家对有些兽药，特别是药物饲料添加剂都规定了休药期，但是大部分养殖场使用含药物添加剂的饲料时很少按规定施行休药期。

3. 滥用药物

在养殖生产中，普遍存在长期使用药物添加剂，随意使用新或高效抗生素，大量使用医用药物等现象。此外，还存在大量不符合用药剂量、给药途径、用药部位和用药动物种类等用药规定，以及重复使用几种商品名不同，但成分相同的药物的现象。所有这些因素都能造成药物在动物体内过量积累，导致兽药残留。

4. 违背有关标签的规定

《兽药管理条例》明确规定，标签必须写明兽药的主要成分及其含量等。可是有些兽药企业为了逃避报批，在产品中添加一些化学物质，但不在标签中进行说明，从而造成用户盲目用药。这些违规做法均可造成兽药残留超标。

三、磺胺类兽药残留的快速检测方法

本实验采用北京六角体科技发展有限公司生产的快速检测试剂和仪器。

检测原理：食品中的磺胺经过提取与检测试剂反应生成有色化合物，在一定范围内颜色深浅与含量成正比，与色阶卡对照读取样品中磺胺的含量。

检测对象：动物源性食品。

检测下限：10 μg/kg。

【任务实施】

一、检测准备工作

1. 检测样品

市售猪肝，如图 5—2—1 所示。

2. 试剂和仪器

提取剂 1、提取剂 2、检测试剂 A、检测试剂 B、检测试剂 C、检测试剂 D、洗脱剂、洗涤剂、1 mL 吸管、点滴板、50 mL 离心管、层析柱、洗耳球、色阶卡、20 mL 提取瓶、离心机，如图 5—2—2 所示。

图 5—2—1　市售猪肝

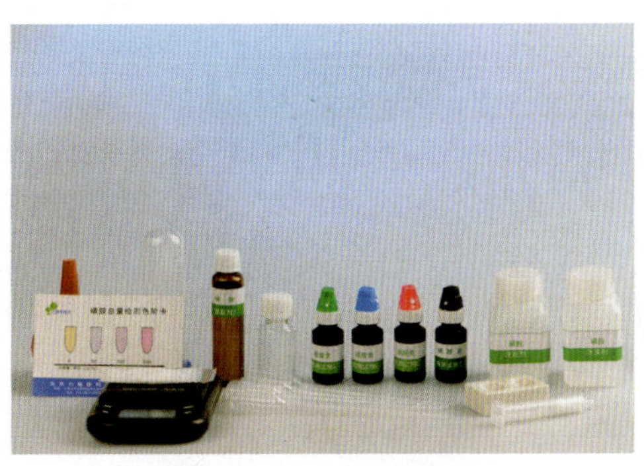

图 5—2—2　试剂和仪器

二、样品分析

1. 样品处理

配图	实验步骤	操作说明
	（1）准确称取粉碎的猪肝样品 5.0 g 于 50 mL 离心管中	
	（2）加入提取剂 1（1 包）	
	（3）加入提取剂 2（1 瓶），振摇 2 min	
	（4）用离心机以 4 000 r/min 的转速离心 5 min，取 5 mL 上清液于提取瓶中，作为样品处理液	

2. 检测

配图	实验步骤	操作说明
	（1）向样品处理液中依次加入1.5 mL试剂A、0.2 mL试剂B、0.2 mL试剂C、0.1 mL试剂D	使用移液枪加入试剂A、B、C、D
	（2）静置5 min后，将上层液体颜色与色阶卡进行比较，确定磺胺含量	本步骤可定性检测，下限为50 μg/kg

3. 浓缩

配图	实验步骤	操作说明
	（1）取一支层析柱，向其中加入2 mL洗脱剂	
	（2）用洗耳球在柱上端加压，使液体呈滴状匀速流出，弃去流出液	

续表

配图	实验步骤	操作说明
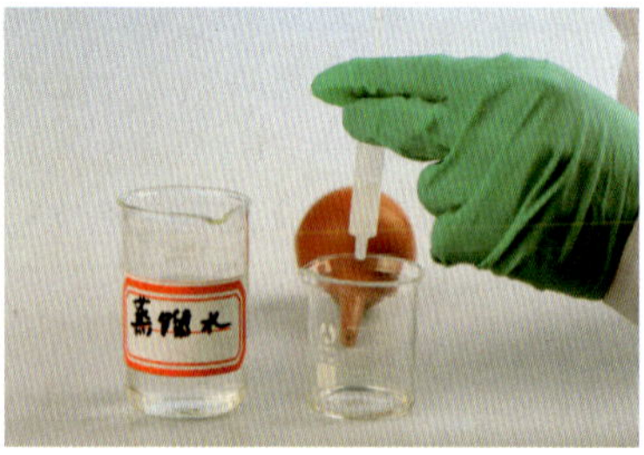	（3）加入 5 mL 蒸馏水	
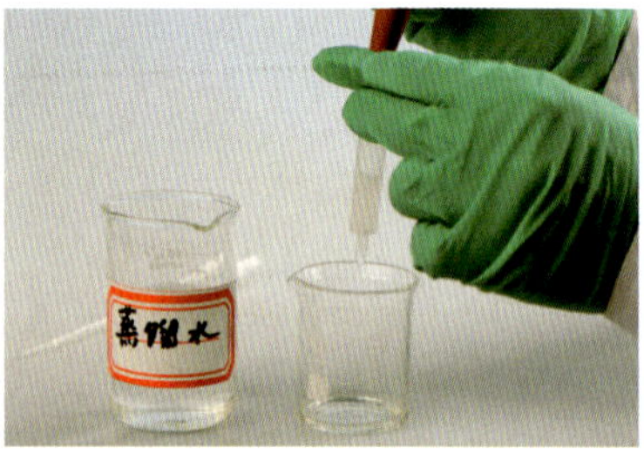	（4）用洗耳球在柱上端加压，使液体呈滴状匀速流出，弃去流出液	
	（5）将上文“2. 检测”中最终所得的上层液体以 2 ~ 3 mL/min 的速度过柱，流出液弃去，并挤干层析柱	
	（6）再加入 2 mL 洗涤剂淋洗层析柱，挤干	
	（7）加入 0.8 mL 洗脱液	

续表

配图	实验步骤	操作说明
	（8）将洗脱液滴于点滴板的一个孔中	
	（9）自然挥发的同时，观察液体颜色，若为红色，样品中含有磺胺类物质	浓缩后的检测下限为 10 μg/kg
（10）结果判断 1）浓缩前：将提取瓶中的液体颜色与色阶卡进行比较，相近颜色对应的含量即样品中磺胺类药物的含量；定性检测下限为 50 μg/kg 2）浓缩后：将洗脱液体滴于点滴板上，若为红色，则样品中含有磺胺类物质；定性检测下限为 10 μg/kg		

【考核评价】

素质	内容	评价项目	评价		
	学习目标		自我评价 30%	小组评价 30%	教师评价 40%
知识 20 分	应知应会	1. 了解磺胺类药物的性质和危害 2. 掌握磺胺类药物的快速检测方法			

续表

素质	内容 学习目标	评价项目	评价 自我评价 30%	 小组评价 30%	 教师评价 40%
专业能力 50分	实验准备 10分	1. 快速检测仪器和设备准备充分 2. 组内分工明确			
	样品采集 10分	1. 样品采集具有代表性、典型性、时效性和程序性 2. 正确选择并使用采样工具和容器 3. 正确选择采样技术			
	快速检测 10分	1. 磺胺类药物的快速检测准确 2. 各步检测操作步骤正确			
	检测报告 10分	1. 检测报告计量和计数单位正确 2. 检测结果的表述和评价正确 3. 处理意见正确 4. 检测报告填写规范			
	遵守安全、卫生要求 10分	1. 正确执行安全技术操作规程 2. 实验过程保持现场整洁			
通用能力 20分	语言能力 5分	1. 准确阐述自己的观点 2. 专业术语表达准确			
	合作能力 5分	1. 能与同学配合共同完成工作 2. 具有组织和协调能力			
	发现、分析和解决问题能力 5分	1. 善于发现实验过程中的问题 2. 自主分析和解决实验中的问题			
	创新能力 5分	1. 善于总结工作经验 2. 善于体验新的检测方法			
态度 10分	工作态度	工作认真、细致			
合计					

【思考与练习】

1．简述磺胺类兽药对人体的危害。

2．简述磺胺类兽药残留的检测意义和检测原理。

3．简述磺胺类兽药残留的检测方法和流程。

4．利用快速检测法测定猪肉中磺胺类兽药残留。

项目六

微生物快速检测

任务 1　啤酒中菌落总数的快速检测

【学习目标】

1. 了解菌落总数检测的意义。
2. 掌握食品中菌落总数超标的危害及防治措施。
3. 能在教师指导下，以小组协作方式，利用测试片法对食品中的菌落总数进行检测。

【任务引入】

2011 年 11 月，广州市工商行政管理局公布了第三季度啤酒抽检情况，结果显示广州市各类啤酒的合格率为 71.19%，有近 30% 不合格。啤酒类产品不合格的主要原因是微生物超标。在不合格的 17 个批次产品中，有 14 个批次是菌落总数超标。

食品中菌落总数的测定是用来判定食品被细菌污染程度的一项指标，菌落总数的多少在一定程度上标志着食品卫生质量的优劣。本任务将要完成啤酒中菌落总数的快速检测。

【任务分析】

本任务可依据国家标准 GB/T 4789. 2—2008《食品卫生微生物学检验菌落总数测定》中的相关要求，采用测试片法进行，它是目前已被广泛认可并应用的快速检测方法。

【相关知识】

一、菌落总数超标的危害

菌落总数是指食品经过处理，在一定条件下培养（如培养基成分、培养温度和时间、pH 值、需氧性等）后，所得 1 g 或 1 mL 检样中所含细菌菌落总数。菌落总数主要作为判别食品被污染程度的标志，它是反映食品的新鲜程度和卫生状况的重要微生物指标之一。如果食品的菌落总数严重超标，说明其产品的卫生状况达不到基本的卫生要求。食品在生产中，容易感染微生物，因其营养丰富，是微生物的良好培养基，在温度、水分适宜的情况下，微生物便会大量繁殖，导致菌落总数超标，出现感官上的变化，并缩短产品的保质期。

二、测试片法快速检测原理

测试片法是以纸片、冷水可凝胶和无纺布等作为培养基载体来测定食品中的菌落总数，最大的优点是省去了繁重的准备工作，待检样品不需要增菌，直接接种于纸片，在适宜的温度下培养后计数。测试片使用后，经灭菌便可弃之，简单方便，缩短了检测时间。和传统的方法相比，它能缩短测试时间，操作程序更加简便，不需要很高的操作技巧，有助于提高微生物实验质量和提高实验室效率。

【任务实施】

一、检测准备工作

1. 仪器和设备

恒温培养箱、冰箱、恒温水浴锅、电子天平、均质器、振荡器、微量移液器、量筒（50 mL）、酒精灯、试管、三角瓶（250 mL）。

2. 试剂

（1）灭菌生理盐水。称取 8.5 g 氯化钠，用蒸馏水稀释至 1 000 mL，121℃高压灭菌 15 min。

（2）1 mol/L 氢氧化钠。称取 40 g 氢氧化钠，用蒸馏水稀释至 1 000 mL。

（3）1 mol/L 盐酸。移取浓盐酸 90 mL，用蒸馏水稀释至 1 000 mL。

3. 检测样品

市售罐装啤酒。

二、样品分析

<table>
<tr><th>配图</th><th>实验步骤</th><th>操作说明</th></tr>
<tr><td></td><td>（1）样品稀释
1）以无菌操作，量取 25 mL 啤酒</td><td rowspan="4">1）上层膜直接落下，但不要滚动上层膜，切勿扭转压板
2）测试片水平置于培养箱内，可堆叠至 20 片
3）培养结束后立即计数，可用肉眼观察计数，或用菌落计数器、放大镜
4）使用过的测试片上带有活菌，应及时按照生物安全废弃物处理原则进行无害化处理
5）某些微生物会液化凝胶，造成局部扩散或菌落模糊的现象。如果液化现象干扰计数可以计数未液化的面积来估算菌落数</td></tr>
<tr><td>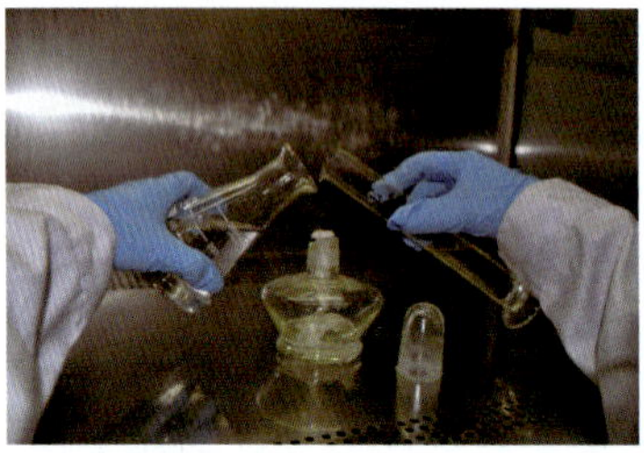</td><td>2）放入盛有 225 mL 灭菌生理盐水的锥形瓶中，充分振荡制成 1∶10 的稀释液</td></tr>
<tr><td>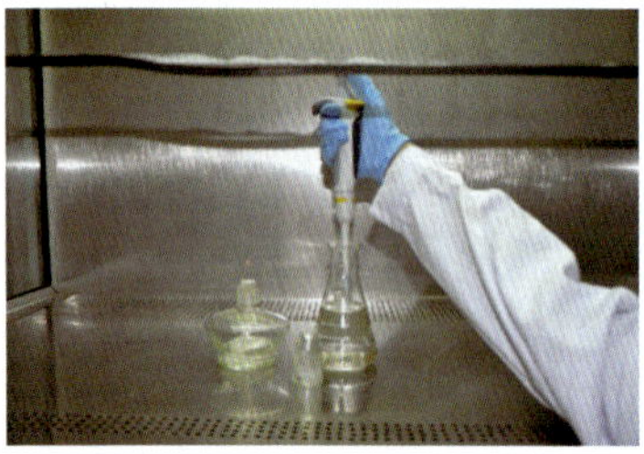</td><td>3）用 1 mL 微量移液器吸取 1∶10 待测样液 1 mL，注入 9 mL 灭菌生理盐水的试管内，制成 1∶100 的待测样液</td></tr>
<tr><td></td><td>4）依此类推，做出 1∶1 000 等稀释度的待测样液，每做一次稀释应更换一支灭菌试管</td></tr>
<tr><td>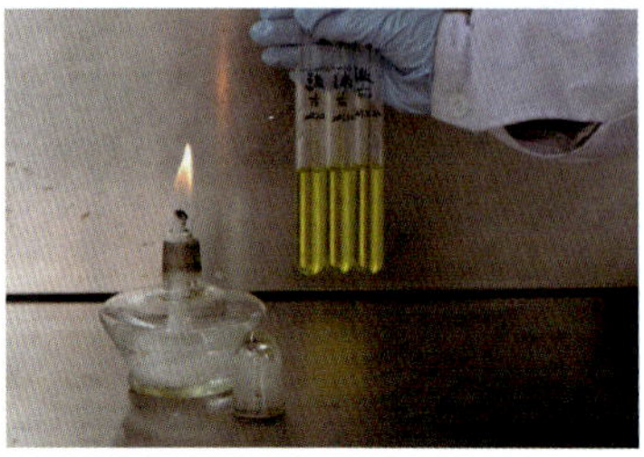</td><td>（2）接种
1）根据对啤酒污染状况的估计，选择 2 ~ 3 个适宜稀释度的待测样液进行检验</td><td></td></tr>
</table>

续表

<table>
<tr><th>配图</th><th>实验步骤</th><th>操作说明</th></tr>
<tr><td>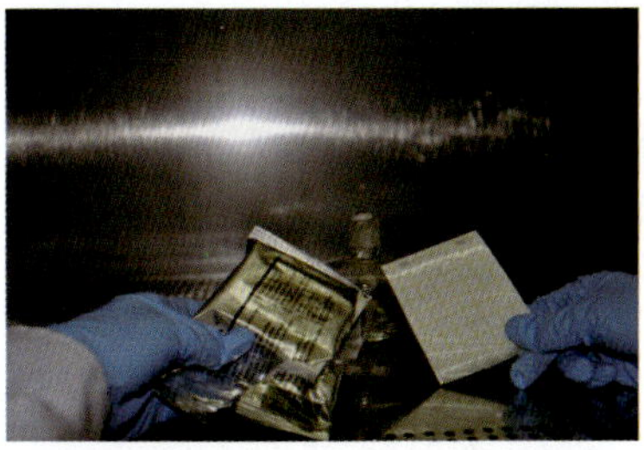</td><td>2）将测试片置于水平实验台表面，揭开上层膜</td><td rowspan="5">1）上层膜直接落下，但不要滚动上层膜，切勿扭转压板
2）测试片水平置于培养箱内，可堆叠至20片
3）培养结束后立即计数，可用肉眼观察计数，或用菌落计数器、放大镜
4）使用过的测试片上带有活菌，应及时按照生物安全废弃物处理原则进行无害化处理
5）某些微生物会液化凝胶，造成局部扩散或菌落模糊的现象。如果液化现象干扰计数可以计数未液化的面积来估算菌落数</td></tr>
<tr><td>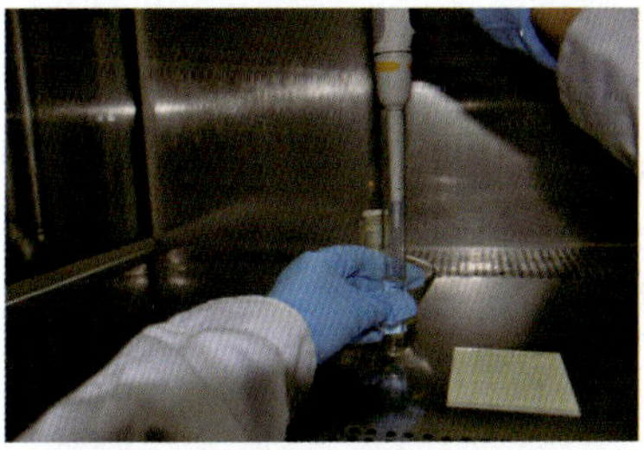</td><td>3）用1 mL移液器吸取1 mL样品菌液</td></tr>
<tr><td>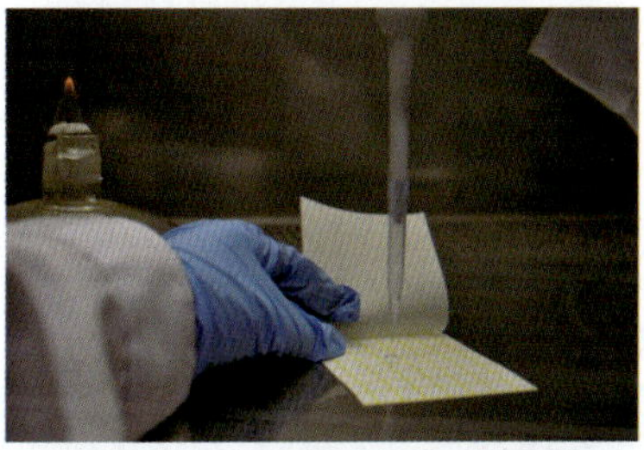</td><td>4）垂直滴加在测试片的中央，将上层膜盖下</td></tr>
<tr><td></td><td>5）将压板放置在上层膜中央，轻轻地压下，使菌液均匀覆盖于圆形的培养膜上</td></tr>
<tr><td></td><td>6）拿起压板，静置至少1 min，使培养基凝固。每个稀释度接种两张测试片</td></tr>
</table>

续表

配图	实验步骤	操作说明
	（3）培养。将测试片的透明面朝上，水平置于培养箱内，（36℃ ±1℃）培养 72 h±3 h	
	（4）计数。选取菌落数在 30 ~ 300 之间的测试卡，对所有的红色菌落进行计数	

三、数据处理（见表 6—1—1）

表 6—1—1　稀释度选择及菌落总数报告方式

例	10 倍	100 倍	1 000 倍	两液之比	总数	MPN
1	多不可计	165	20		16 500	16 000
2	多不可计	多不可计	315		315 000	320 000
3	27	9	2		270	270
4	0	0	0		$<1\times10$	<10
5	多不可计	305	12		30 500	30 000
6	多不可计	270	60	2.2	27 000	27 000
7	多不可计	295	45	1.5	36 750	37 000

注：

1．在进行菌落计数时，每个稀释度的两张测试片上的菌落总数应取平均数。

2．最后结果应将菌落总数以有效数字的修约规则保留两位有效数字，即为 MPN 值。

3．除表 6-1-1 中所示的进行 10 倍、100 倍、1 000 倍稀释，对于不同的样品也可选择不同的适宜稀释度。

（1）若所有稀释度中只有一个稀释度符合 30 ～ 300，则选择符合范围的结果乘以该稀释度（例 1）。

（2）若所有稀释度中各结果均大于 300，则选择最大稀释度下的结果乘以稀释倍数（例 2）。

（3）若所有稀释度中各结果均小于 30，则选择最小稀释度下的结果乘以稀释倍数（例 3）。

（4）若所有稀释度中各结果均为“0”，则表示为“＜ 1”乘以最低稀释倍数（例 4）。

（5）若所有稀释度中各结果均不在 30 ～ 300 之间，则选择离范围最近的结果乘以该稀释倍数（例 5）。

（6）若所有稀释度中有两个稀释度符合 30 ～ 300，分以下两种情况，若两浓度下的总数之比大于 2，则以较小的结果乘以稀释倍数；若两浓度下的总数之比小于等于 2，则应求两浓度总数结果的平均数（例 6、例 7）。

【考核评价】

素质	内容	评价项目	评价		
	学习目标		自我评价 30%	小组评价 30%	教师评价 40%
知识 20 分	应知应会	1. 菌落总数快速检测的意义 2. 菌落总数快速检测的相关方法 3. 菌落总数快速检测的超标危害 4. 食品中菌落总数的中毒症状及防治措施			
专业能力 50 分	实验准备 10 分	1. 快速检测仪器设备准备充分 2. 组内分工明确			
	样品采集 10 分	1. 样品采集具有代表性、典型性、时效性和程序性 2. 正确选择并使用采样工具和容器 3. 正确选择采样技术			
	快速检测 10 分	测试片快速检测法测定菌落总数正确			
	检测报告 10 分	1. 检测报告计量和计数单位正确 2. 检测结果的表述和评价正确 3. 处理意见正确 4. 检测报告填写规范			
	遵守安全、卫生要求 10 分	1. 正确执行安全技术操作规程 2. 实验过程保持现场整洁			

续表

<table>
<tr><th rowspan="2">素质</th><th>内容</th><th rowspan="2">评价项目</th><th colspan="3">评 价</th></tr>
<tr><th>学习目标</th><th>自我评价30%</th><th>小组评价30%</th><th>教师评价40%</th></tr>
<tr><td rowspan="4">通用能力20分</td><td>语言能力5分</td><td>1. 准确阐述自己的观点
2. 专业术语表达准确</td><td></td><td></td><td></td></tr>
<tr><td>合作能力5分</td><td>1. 能与同学配合共同完成工作
2. 具有组织和协调能力</td><td></td><td></td><td></td></tr>
<tr><td>发现、分析和解决问题能力5分</td><td>1. 善于发现实验过程中的问题
2. 自主分析和解决实验中的问题</td><td></td><td></td><td></td></tr>
<tr><td>创新能力5分</td><td>1. 善于总结工作经验
2. 善于体验新的检测方法</td><td></td><td></td><td></td></tr>
<tr><td>态度10分</td><td>工作态度</td><td>工作认真、细致</td><td></td><td></td><td></td></tr>
<tr><td colspan="3">合计</td><td></td><td></td><td></td></tr>
</table>

【思考与练习】

1. 食品中的菌落总数超标，会对我们的身体健康产生哪些影响？
2. 快速检测中，测试片法测定菌落总数的计数原则是什么？
3. 应用测试片法检测糕点中的菌落总数。

任务2 火腿肠中大肠菌群的快速检测

【学习目标】

1. 了解大肠菌群检测的相关方法和意义。
2. 掌握食品中大肠杆菌超标危害及传播途径。
3. 能在教师指导下，以小组协作方式，利用最可能数（MPN）法对食品中的大肠菌群进行检测。
4. 能在没有教师的指导下，查阅相关学习资料，利用平板法对食品中的大肠菌群进行检测。

【任务引入】

2006年11月，哈尔滨市质量技术监督局组织对该市企业生产的食品、饮料等13个品种产品，实施第三季度统一定期监督检查，发现在食品方面存在的主要问题是大肠菌群超标。第三季度检验不合格的7个批次中，都存在大肠菌群超标问题。

大肠菌群是一群能发酵乳糖、产酸产气的需氧和兼性厌氧，革兰氏阴性，无芽孢杆菌。它主要包括肠杆菌科的大肠埃希菌、柠檬酸杆菌、克雷伯菌和阴沟肠杆菌等。该菌群主要来源于人畜粪便，作为粪便污染指标评价食品的卫生状况，推断食品受肠道病菌污染的可能。本任务将对火腿肠进行大肠菌群的快速检测。

【任务分析】

根据国家标准GB/T 4789.32—2002《食品卫生微生物学检验　大肠菌群的快速检测》中的相关要求，本任务将选择最可能数法和平板法，对火腿肠进行大肠菌群的快速检测。

【相关知识】

一、大肠菌群超标的危害

大肠菌群分布较广，在人畜粪便和自然界广泛存在。大肠菌群作为食品在微生物学上是否安全的指标，反映了食品被人或动物肠道菌污染的可能性，如大肠菌群严重超标预示存在发生肠道传染病或食物中毒的潜在危险。由于人及动物肠道中存在大量的大肠菌群细菌，因而此种细菌可作为粪便污染食品的指示菌。

大肠菌群是评价食品卫生质量的重要指标之一，目前已被国内外广泛应用于食品检测工作中。大肠菌群数的高低，表明了粪便污染的程度，也反映了对人体健康危害性的大小。粪便是人类肠道排泄物，其中有健康人粪便，也有肠道疾病患者或带菌者的粪便，所以粪便内除一般正常细菌外，同时也会有一些肠道致病菌存在。因而食品中有粪便污染，则可以推测该食品中存在着肠道污染的可能性，潜伏着食物中毒和流行病的威胁，必须看做对人体健康具有潜在的危险性。

二、大肠菌群引起的常见症状及传播途径

大肠菌群对人体的危害主要表现为肠道外感染和急性腹泻。

肠道外感染：多为内源性感染，以泌尿系统感染为主，如尿道炎，也可引起阑尾炎等。婴儿、年老体弱者、大面积烧伤患者，大肠杆菌可侵入血液，引起败血症。早产儿易患大肠杆菌性脑膜炎。

急性腹泻：某些血清型大肠杆菌能引起人类腹泻。腹泻常为自限性，一般 2 ～ 3 天即愈。其中肠产毒性大肠杆菌会引起婴幼儿和旅游者腹泻，出现轻度水泻。肠致病性大肠杆菌是婴儿腹泻的主要病原菌，有高度传染性，严重者可致死。此外，肠出血性大肠杆菌会引起散发性或暴发性出血性结肠炎，可产生志贺氏毒素样细胞毒素。

大肠杆菌的传播途径一般是通过水以及食物传播，如一些受污染的水，大肠菌群不达标的食品或者未熟透的食物等。如果不注意个人卫生的话，也会导致大肠杆菌的感染以及传播。

三、菌落总数快速检测方法

1. 最可能数（MPN）法

此方法适用于各类食品、纯净水等样品中大肠菌群数测定。检测原理为：大肠菌群可产生半糖苷酶，分解液体培养基中的酶底物 4- 甲基伞形酮 -β-D- 半乳糖苷，使 4- 甲基伞形酮游离，因而在波长 366 nm 紫外灯光下呈蓝色荧光。

2. 平板法

此方法适用于各类食品、纯净水等样品中大肠菌群数测定。检测原理为：大肠菌群可产生 β- 半乳糖苷酶，分解培养基中的酶底物茜素 -β-D 半乳糖苷（以下简称 Aliz-gal），使茜素游离并与固体培养基中的铝、钾、铁、铵离子结合形成紫色（或红色）的螯合物，使菌落呈现相应的颜色。

3. 其他方法

除了上述两种方法，大肠菌群的快速检测方法还有：

（1）试剂盒法。大肠菌群快速检测试剂盒的技术原理是依照国家标准方法将大肠菌群液体检测培养基包被到载体塑料盒中，配有产气孔，以此替代玻璃发酵管而实现大肠菌群的快速检测。免除了传统方法中培养基配制、培养基灭菌等烦琐的工作。此法适用于食品、水、餐具、物体表面等样品中大肠菌群的快速检测。

（2）测试片法。原理与菌落总数测试片相同。将检测培养基和特定指示剂加载在特制纸片上，经培养后能够在纸片上生长，在指示剂的作用下菌落具有显著的颜色，则可进行判定和计数。此法适用于各类食品的大肠菌群的快速检测。

【任务实施】

一、最可能数（MPN）法

1. 检测准备工作

（1）仪器和设备：培养箱、电子天平、均质器、试管、吸管、三角瓶、玻璃珠、试管架、波长 366 nm、紫外灯。

（2）试剂：灭菌生理盐水、MUGal 肉汤。

（3）检测样品：市售火腿肠（见图 6—2—1）。

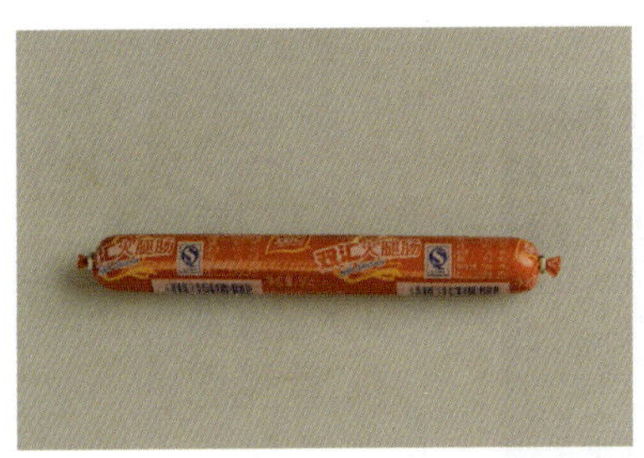

图 6—2—1

2. 样品分析

配图	实验步骤	操作说明
	（1）样品制备 1）以无菌操作，量取 25 g 火腿肠	（1）接种量在 1.0 mL 以上者，接种双料 UGal 肉汤管 （2）检测所需的玻璃仪器必须是完全灭菌的，并在灭菌前彻底清洗干净 （3）每递增稀释一次，必须更换 1 支 1 mL 灭菌吸量管，使检测得到的稀释倍数准确
	2）置于含 225 mL 灭菌生理盐水的三角瓶内（瓶内预置适当数量的玻璃珠），用均质器充分混匀，制成 1∶10 稀释液	

续表

配图	实验步骤	操作说明
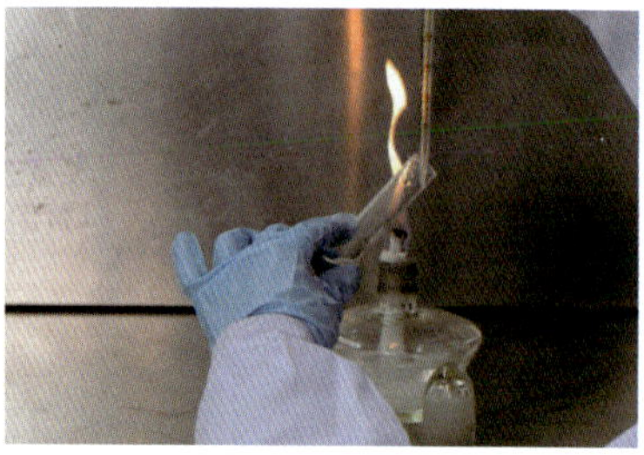	3）用 1 mL 无菌吸管吸取 1∶10 火腿肠稀释液 1.0 mL，注入含 9.0 mL 灭菌生理盐水的试管内，振摇均匀，即成 1∶100 火腿肠稀释液 4）另取一支 1.0 mL 无菌吸管，按上法制备 10 倍递增火腿肠稀释液。每递增一次，换一支 1.0 mL 无菌吸管	
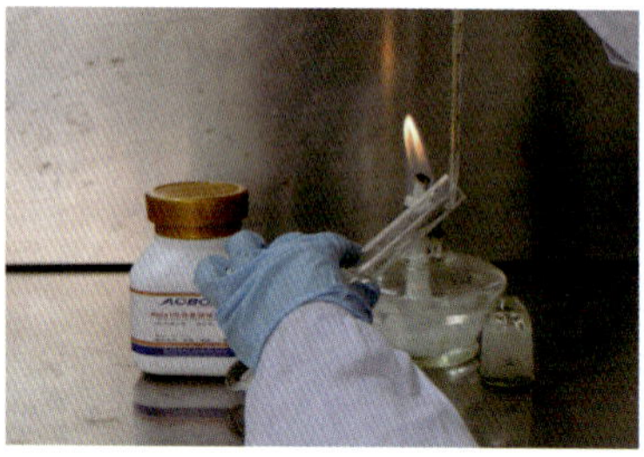	（2）接种 1）将待检测火腿肠和稀释液接种 MUGal 肉汤管，每管 1.0 mL	
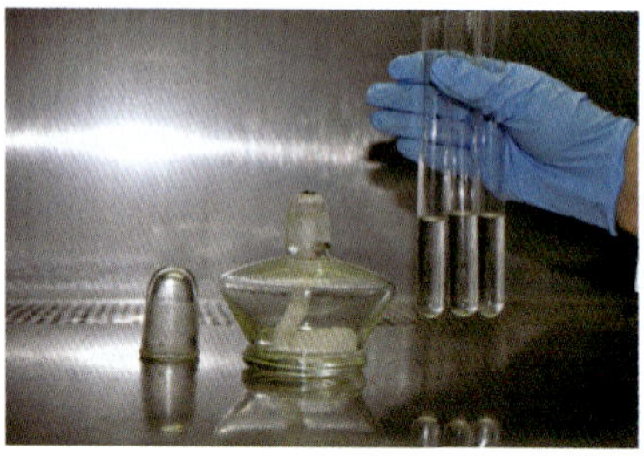	2）每个样品选择 3 个适宜的稀释度，每个稀释度接种 3 支试管	
	3）同时另取 2 支 MUGal 肉汤管加入与火腿肠稀释液等量的上述灭菌生理盐水作为空白对照	

续表

<table>
<tr><th>配图</th><th>实验步骤</th><th>操作说明</th></tr>
<tr><td></td><td>（3）培养。将接种后的培养基管置于37 ℃ ±1 ℃培养箱培养18 ~ 24 h</td><td></td></tr>
<tr><td colspan="3">（4）结果判定
1）将培养后的培养管置于暗处，用波长 366 nm 紫外灯照射，如显蓝色荧光，为大肠菌群阳性管；如未显蓝色荧光，则为大肠菌群阴性管
2）结果报告：根据大肠菌群阳性管数，查 MPN 检索表（见表 6—2—1），报告每 100 mL（g）食品中大肠菌群 MPN 值</td></tr>
</table>

表 6—2—1　　大肠菌群最可能数（MPN）检索表

阳性管数			MPN	95% 可信限		阳性管数			MPN	95% 可信限	
0.10	0.01	0.001		下限	上限	0.10	0.01	0.001		下限	上限
0	0	0	< 3.0	—	9.5	1	3	0	16	4.5	42
0	0	1	3.0	0.15	9.6	2	0	0	9.2	1.4	38
0	1	0	3.0	0.15	11	2	0	1	14	3.6	42
0	1	1	6.1	1.2	18	2	0	2	20	4.5	42
0	2	0	6.2	1.2	18	2	1	0	15	3.7	42
0	3	0	9.4	3.8	38	2	1	1	20	4.5	42
1	0	0	3.6	0.17	18	2	1	2	27	8.7	94
1	0	1	7.2	1.3	18	2	2	0	21	4.5	42
1	0	2	11	3.6	38	2	2	1	28	8.7	94
1	1	0	7.4	1.3	20	2	2	2	35	8.7	94
1	1	1	11	3.6	38	2	3	0	29	8.7	94
1	2	0	11	3.6	42	2	3	1	36	8.7	94
1	2	1	15	4.5	42	3	0	0	23	4.6	94

续表

阳性管数			MPN	95% 可信限		阳性管数			MPN	95% 可信限	
0.10	0.01	0.001		下限	上限	0.10	0.01	0.001		下限	上限
3	0	1	38	8.7	110	3	2	1	150	37	420
3	0	2	64	17	180	3	2	2	210	40	430
3	1	0	43	9	180	3	2	3	290	90	1 000
3	1	1	75	17	200	3	3	0	240	42	1 000
3	1	2	120	37	420	3	3	1	460	90	2 000
3	1	3	160	40	420	3	3	2	1 100	180	4 100
3	2	0	93	18	420	3	3	3	>1 100	420	—

二、平板法

1. 检测准备工作

（1）仪器和设备：培养箱、天平、均质器、试管、吸管、广口瓶或三角瓶、玻璃珠、试管架。

（2）试剂：灭菌生理盐水、Aliz-gal 琼脂。

2. 样品分析

配图	实验步骤	操作说明
	（1）样品制备 1）无菌环境下取 25 g 火腿肠	（1）接种量在 1.0 mL 以上者，接种双料 MUGal 肉汤管 （2）检测所需的玻璃仪器必须是完全灭菌的，并在灭菌前彻底清洗干净 （3）每递增稀释一次，必须另换 1 支 1 mL 灭菌吸量管，使检测所得的稀释倍数准确
	2）加入到含 225 mL 灭菌生理盐水的三角瓶内（瓶内预置适当数量的玻璃珠），均质器充分振摇，成 1 ∶ 10 稀释液	

续表

配图	实验步骤	操作说明
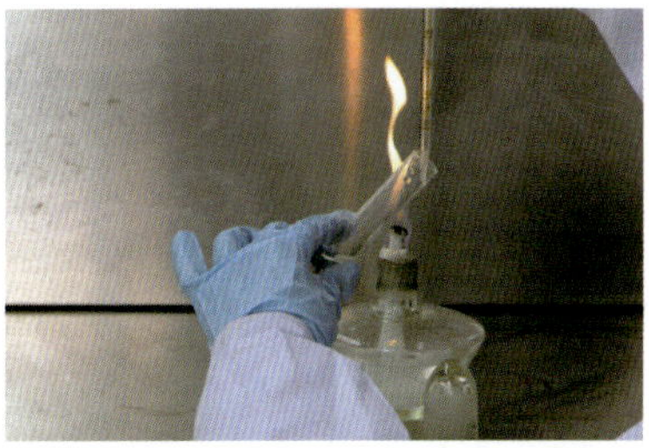	3）用 1 mL 无菌吸管吸取 1∶10 火腿肠稀释液 1.0 mL，置于含 9.0 mL 灭菌生理盐水的试管内。振摇均匀，配制成 1∶100 火腿肠稀释液	
	4）另取 1.0 mL 无菌吸管，按上法制备 10 倍递增火腿肠稀释液。每递增一次，换一支 1.0 mL 无菌吸管	
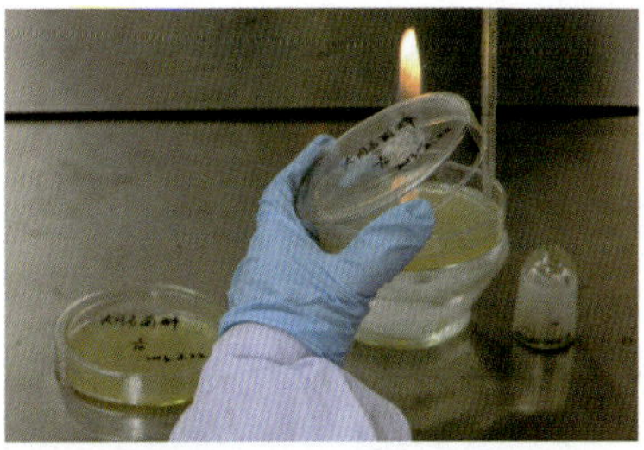	（2）接种 1）用灭菌吸管吸取待检验样液 1.0 mL，加入无菌平皿内。每个样品选择3个连续稀释度，每个稀释度接种 2 个平皿	
	2）每个加样平皿内倾注 15 mL、45 ~ 50℃的 Aliz-gal 琼脂覆盖表面	
	3）同时将 Aliz-gal 琼脂倾入加有 1 mL 上述灭菌生理盐水的无菌平皿内作为空白对照	
	（3）培养 1）待琼脂凝固后，翻转平板，于 37℃ ±1℃培养箱培养 18 ~ 24 h	
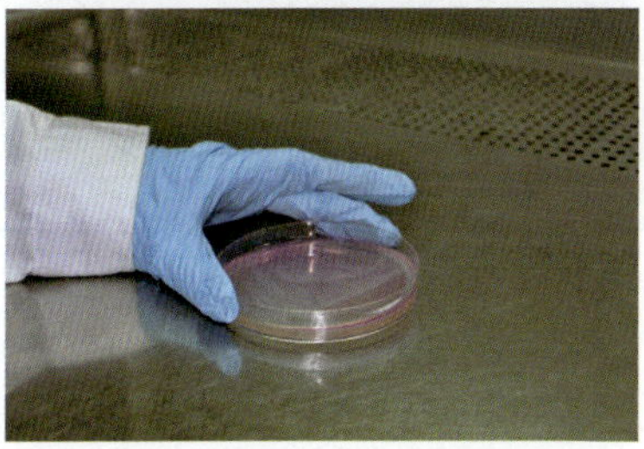	2）取出平板，记录平板上紫色（或红色）的菌落数目	

续表

（4）结果判定。平板上的紫色（或红色）菌落数不高于150个，且其中至少有一个平板紫色（或红色）菌落不少于15个，按下式计算大肠菌群数值： $$N=\frac{\sum C}{(n_1+n_2)d}$$ 式中　N——样品的大肠菌群数，个/mL或g $\sum C$——所有计数平板上紫色（或红色）菌落之总和 n_1——供计数的最低稀释倍数的平板数 n_2——供计数的高一倍数的平板数 d——供计数的样品最低稀释度（如10^{-1}，10^{-2}，10^{-3}等） 注：（1）如接种所有（3个）稀释样品的平板上紫色（或红色）菌落数均少于15个，仍按上式计算，但应在所得结果旁加“*”号，表示为估计值 （2）如接种未稀释样品和所有稀释样品的平板上，紫色（或红色）菌落数均少于15个，报告结果为：每毫升（克）样品少于15个大肠菌群 （3）如接种未稀释样品和所有稀释样品的平板上，均未发现紫色（或红色）菌落数，报告结果为：每毫升（克）样品少于1个大肠菌群 （4）如平板上的紫色（或红色）菌落数高于150个，按上式计算，在结果旁加“*”号表示估计值或视情况重新选择较高的稀释倍数进行测定

【考核评价】

素质	内容	评价项目	评　价		
	学习目标		自我评价30%	小组评价30%	教师评价40%
知识20分	应知应会	1. 大肠菌群快速检测的意义 2. 大肠菌群快速检测的相关方法 3. 大肠菌群快速检测的超标危害 4. 食品中大肠菌群的常见症状及传播途径			

续表

素质	内容 学习目标	评价项目	评价		
			自我评价30%	小组评价30%	教师评价40%
专业能力50分	实验准备10分	1. 快速检测仪器设备准备充分 2. 组内分工明确			
	样品采集10分	1. 样品采集具有代表性、典型性、时效性和程序性 2. 正确选择并使用采样工具和容器 3. 正确选择采样技术			
	快速检测10分	1. 最可能数法快速检测法测定大肠菌群正确 2. 平板法快速检测法测定大肠菌群正确			
	检测报告10分	1. 检测报告计量和计数单位正确 2. 检测结果的表述和评价正确 3. 处理意见正确 4. 检测报告填写规范			
	遵守安全、卫生要求10分	1. 正确执行安全技术操作规程 2. 实验过程保持现场整洁			
通用能力20分	语言能力5分	1. 准确阐述自己的观点 2. 专业术语表达准确			
	合作能力5分	1. 能与同学配合共同完成工作 2. 具有组织和协调能力			
	发现、分析和解决问题能力5分	1. 善于发现实验过程中的问题 2. 自主分析和解决实验中的问题			
	创新能力5分	1. 善于总结工作经验 2. 善于体验新的检测方法			
态度10分	工作态度	工作认真、细致			
合计					

【思考与练习】

1．实验中对菌液进行稀释时，每稀释一次样品要更换一支新无菌吸管的意义是什么？

2．在检测大肠菌群总数时，为什么要进行空白试验？

3．应用平板法检测市售饮用水中的大肠菌群总数。

参考书目

[1] 杨萍. 食品检验工（中级），北京：电子工业出版社，2008

[2] 刘长春. 食品检验工（高级），北京：机械工业出版社，2006

[3] 王晶. 食品安全快速检验，北京：化学工业出版社，2002

[4] 王林. 食品安全快速检验手册，北京：化学工业出版社，2008

[5] 朱国念. 农药残留快速检验，北京：化学工业出版社，2008

[6] 师邱毅. 食品安全快速检测技术及应用，北京：化学工业出版社，2010

[7] 朱克永. 食品检测技术·食品安全快速检测技术，北京：科学出版社，2010

[8] 徐应明. 农产品与环境中有害物质快速检测技术，北京：化学工业出版社，2006